邯郸市小麦节水稳产优质高效栽培技术手册

邯郸市农业农村局 组编
段美生　丁书英　主编

中国农业科学技术出版社

图书在版编目（CIP）数据

邯郸市小麦节水稳产优质高效栽培技术手册 / 邯郸市农业农村局组编；段美生，丁书英主编. —北京：中国农业科学技术出版社，2019.8

ISBN 978-7-5116-4330-8

Ⅰ. ①邯… Ⅱ. ①邯… ②段… ③丁… Ⅲ. ①小麦—栽培技术—技术手册 Ⅳ. ①S512.1-62

中国版本图书馆 CIP 数据核字（2019）第 165780 号

责任编辑　李冠桥
责任校对　李向荣
出 版 者　中国农业科学技术出版社
　　　　　北京市中关村南大街12号　　邮编：100081
电　　话　（010）82109705（编辑室）（010）82109702（发行部）
　　　　　（010）82109709（读者服务部）
传　　真　（010）82106625
网　　址　http: // www.castp.cn
经 销 者　各地新华书店
印 刷 者　北京富泰印刷有限责任公司
开　　本　850mm×1 168mm　1/32
印　　张　4.5
字　　数　100千字
版　　次　2019年8月第1版　　2019年8月第1次印刷
定　　价　26.00元

《邯郸市小麦节水稳产优质高效栽培技术手册》

编辑委员会

主　任：冯树民　冯晓梅

副主任：李春波　高绪朝　陈　涛

编　委：段美生　王兆祥　毕章宝
　　　　顾洪瑞　张建宏　李彩平

《邯郸市小麦节水稳产优质高效栽培技术手册》

编写人员

主　编　段美生　丁书英

副主编　杜华婷　李计勋　聂俊杰　王亚楠　张银生　李彩平

编　者　宋晓辉　薛　敏　贺　娟　张新仕　刘红亮　王曙峰　薛黎红　张素芬　田平增　王聚将　吕美宏　刘忠堂　高连珍　王春峰　张保安　魏振峰　赵海臣　王　伟　王新红　郭淑英　韩　涛　路丽燕　丁学涛　杨玉生　古东月　赵瑞英　陈　璟　崔英淑　王保军　郝文雁　赵振东

顾　问　曹　刚　甄文超　孟　建

Preface 前　言

河北省邯郸市是粮食生产大市，常年粮食种植面积1 000余万亩（1亩约为667平方米，全书同），2012年在全国率先建成了“吨粮市”，成为百亿斤粮食生产大市，同年被农业部授予“全国粮食生产先进市”称号。全市小麦常年种植面积550万亩左右，属于黄淮海冬麦区，近年来全市小麦平均亩产在450千克左右，总产250万吨左右。邯郸市在全国属于极度资源性缺水地区，农业用水量占全市总用水量的70%以上，小麦灌溉用水占农业用水的70%以上，小麦灌溉用水主要来自地下水，连续多年的地下水超采，引起地下水位下降、漏斗范围扩大、地面沉降、地裂缝等问题，对农业可持续发展带来严峻挑战。农业节水的关键在小麦，如何实现小麦的节水与稳产相协调，确保粮食安全、水资源安全、生态安全，是当前粮食生产的主要矛盾之一。为此，国务院从2014年开始在河北省开展地下水超采综合治理试点工作，邯郸市的地下水超采区实施了小麦节水稳产配套栽培技术项目，推广了节水小麦品种和配套栽培技术，取得了显著成效，为了进一步推广普及小麦节水技术，邯郸市农业农村局组织有关技术人员总结了近年来小麦节水稳产优质高效栽培的实践经验，吸收了河北省小麦产业体系创新团队和“渤海粮仓”建设的科技成果，结合当前农业种植结构调整，农业面源污染治理，突出了小麦生产的节水、节肥、节药、优质、高效等重点，从小麦节水优质品种、节水灌溉技术、科学配方施肥、病虫草害防治、气象灾害及预防等方面，编写了《邯郸市小麦节水稳产优质高效栽培技术手册》，希望在指导邯郸市小麦生产中发挥作用，提高广大技术人员、种粮大户和农民的种麦水平，减少地下水的开采，实现化肥、农药的零增长，从而促进邯郸市农业生产的可持续发展。

由于编者水平有限，时间仓促，书中难免存在不足之处，恳请读者不吝赐教。

邯郸市农业农村局

2019年6月

Contents 目　录

第一章　小麦节水稳产优质高效栽培集成技术

技术核心：以保稳产、促增产、提品质、绿色增效为目标，牢固坚持“七分种，三分管”的原则，夯实小麦播种基础，通过大力推广节水品种及深松整地、足墒播种、播后镇压、节水灌溉等稳产配套技术，科学配方施肥，合理使用农药，落实“一控两减”措施，提高水分和肥料利用率，减少化肥、农药不合理使用，农机农艺相结合，稳定和提高小麦单产，优化种植结构，发展优质小麦生产，促进小麦绿色发展，推进农业供给侧结构性改革。

第一节　夯实播种基础

一、选择节水稳产优质品种

山前平原及黑龙港高产麦区，重点推广节水高产品种，如邯6172、邯农1412、邯麦17、婴泊700、中信麦99、邢麦13、石农086、济麦22、山农20、鲁原502等；黑龙港地下水超采严重麦区，选用节水稳产品种，充分利用抗旱品种分蘖力强、株型紧凑、旗叶上冲等内在特征，减少水分无效消耗、提高水分利用率，达到生物节水的目的，主要有邯6172、邯麦15、中信麦9号、石麦22、观35、衡4399、农大399、石农086、河农6049、石新828等；优质强筋麦品种推荐：藁优2018、藁优5218、师栾02-1等。

二、种子药剂处理

种子药剂拌种或包衣是有效控制土传、种传病害及地下害虫等为害的关键措施，可以预防苗期和中后期病虫害，减少农药的使用量和使用次数。要根据小麦品种特点和当地易发、多发病虫害，有针对性地选用高质量种衣剂包衣或药剂拌种，避免白籽下地，确保拌种质量。要掌握“先拌杀虫剂，闷种晾干后再拌杀菌剂；先拌乳剂，待吸收晾干后再拌粉剂”的原则。拌种时要严格控制用药量，禁止超量用药，现拌现用，不得久放。包衣或拌种前对小麦种子要进行清选，筛除携带的杂草种子，控制杂草的种子来源，减轻麦田杂草的发生程度，减少除草剂的使用量。

三、足墒播种

足墒播种在节水栽培中非常重要，通过浇足底墒水来调整土壤贮水，可推迟春季灌水时间，同时利于一播全苗。小麦播种出苗期适宜的土壤耕层含水量为田间最大持水量75%～80%。如果播种前没有较大降水，不能抢墒播种，一是提倡带棵洇地，即在玉米灌浆中后期（收获前10～15天）带棵洇地，既能提高玉米产量，又能保证小麦足墒播种，实现一水两用。二是造墒播种，前茬收获后，土壤墒情欠缺的地块，提倡造足底墒，避免浇蒙头水（黏土地除外）。三是趁墒播种，播种期土壤墒情充足，能够保证出苗质量和冬前小麦需水的地块，可以趁墒播种。

四、测土配方施肥

针对目前生产上存在的氮肥磷肥施用量大、中微量元素和有机肥用量相对不足的实际，小麦施肥要坚持“两减、一控、一补、一增加”的原则，即减氮肥减磷肥，控钾肥、补中微肥，增加有机肥，根据产量目标和土壤肥力，进一步优化施肥技术，提高肥料利用率。通过秸秆还田，利用畜禽养殖粪污等废弃物资源，增施有机肥，替代部分化肥施用，改善土壤结构，提高耕层有机质含量，一般高产田亩施有机肥2 500～3 000千克，中低产田亩施有机肥3 000～4 000千克；开展精准测土配方施肥，化肥施用要根据土壤肥力水平和产量目标确定，做到减量精准配方施肥，一般麦田亩总施纯氮13～15千克，五氧化二磷6～8千克，氧化钾3～5千克。推广氮肥后移技术，高产田将底施氮肥的比例减少到全生育期氮肥总量的40%～50%，追肥的比例增加到50%～60%，中低产田氮肥底肥、追肥的比例各占一半，磷、钾全部底施。各地按照产量水平所需肥料的“大配方”，针对本地土壤特点进行“小调整”，同时配合施用锌、硼等微量元素。

五、精细整地

1. 秸秆还田

秸秆还田可以增加土壤有机质，减少土壤蒸发，达到节水抗旱的目的，前茬玉米收获后，立即使用大中型拖拉机及配套的秸秆还田机，对秸秆进行粉碎还田，一般粉碎2遍，秸秆长度3～5厘米，抛撒均匀，秸秆留茬高度小于5厘米，要求做到秸秆粉碎细碎，避免在播种时秸秆缠绕播种机械，影响播种质量。在秸秆粉碎后，旋耕和深翻前，除按常规施肥外，增施适量尿素或秸秆腐熟剂，以加快秸秆腐烂。

图1-1　农机深松作业

图1-2　深松深度

2. 隔年深松耕

深松耕可以打破犁底层，促使根系下扎，提高土壤蓄水能力，提高整地质量和播种质量（图1-1）。连续多年旋耕的麦田，犁底层浅，影响根系下扎、降水和灌溉水的下渗，间隔2～3年进行一次深松耕，深松耕深度要达到25厘米以上，深松行距最大为70厘米，破除犁底层（图1-2）；最近3年内深耕或深松过的地块，旋耕深度要尽可能达到15厘米以上，碎土率大于55%，旋耕2次。整地时要根据墒情掌握好时间，达到土地平整、上虚下实、无明暗坷垃的要求。

六、适期晚播

适期晚播可以降低小麦冬前生长量，减少冬前耗水、有效防止冻害。根据近年来的气象资料分析，邯郸市（以下简称我市）小麦适宜播期为10月7—18日，最佳播期为8—13日，即由原来的“白露早、寒露迟，秋分种麦正当时”调整为“秋分早、霜降迟，寒露种麦正当时”。适宜播期内亩播量控制在10～12千克，基本苗控制在20万～25万株，根据地力水平、品种特性和种子发芽率适当调整播量，确保苗全苗齐，适播期后播种的地块，每推迟1天，基本苗在原来基础上增加1万株，即亩播量增加约0.5千克。播种深度3～5厘米，播种过浅则抗旱、抗冻能力差，播种过深则种子出苗慢、苗子弱（图1-3，图1-4）。播种时机手应控制拖拉机匀速行走，速度不超过5公里/小时，禁止中途停车，确保播种均匀，深浅一致、行距一致、不漏播、不重播。

图1-3　播种过深

图1-4　地中茎过长

七、等行宽畦全密种植

推广等行宽畦密植播种技术，改12（14）行窄畦为24（28）行宽畦，缩小畦埂宽度，播种行距14～15厘米，畦宽3～4米，畦埂宽度不超过30厘米，以提高田间均匀度，减少地面无效蒸发，充分利用土地及光热水肥资源，有效增加亩穗数（图1-5）。小麦规模化生产及种植大户可示范、推广小麦等行无畦全密种植技术，大田不留畦埂、不留垄沟、等行全密播种，采用节水喷灌、水肥一体化技术，降低劳动强度和种植成本，提高土地利用率，达到节水、节肥、增产的目的。

图1-5 等行宽畦密植

八、播后镇压

播后镇压在节水栽培中非常重要，该项措施可以有效地碾碎坷垃、踏实土壤、增强种子与土壤的接触度，提高出苗率，促进根系及时喷发与伸长，麦苗整齐健壮，既抗旱又抗寒，减轻旱害和冻害的影响。在小麦播种机镇压的基础上推广播后二次镇压，使用小型拖拉机、手扶拖拉机及配套的圆柱镇压滚、三角耙镇压滚、凹凸镇压滚等，镇压器每米幅宽重量应在100～150千克，行走速度要均匀（图1-6，图1-7）。播后视土壤墒情进行镇压，晴天、中午播种，墒情稍差的马上镇压；早晨、傍晚或阴天播种，墒情好的可稍后镇压，墒情特别充足的，可择机镇压。

图1-6　镇压器

图1-7　镇压与不镇压效果对比

第二节　冬前管理

一、查苗补苗

麦垄内10厘米以上无苗应及时补种，补种时用浸种催芽的种子。如果在分蘖期出现缺苗断垄，就地疏苗移栽补齐。补种或补栽后实施肥水偏管。

二、杂草秋治

冬前及时开展草情调查，抓住冬前有利时机开展化学除治，一般在10月下旬至11月中旬，根据杂草种类进行除治，以禾本科杂草节节麦、野燕麦等为主的地块，可用世玛（甲基二磺隆）等除草剂防治，以雀麦为主的可用氟唑磺隆防治；以阔叶杂草为主的地块可用苯磺隆、双氟磺草胺、氯氟吡氧乙酸、唑草酮等除草剂防治，个别对苯磺隆抗药性较强的地块，选择与唑草酮或其他不同药剂混配使用；对于禾本科杂草和阔叶杂草混生麦田，采用不同除草剂混配防治。大力推广利用大型施药机械、植保无人机等先进设备进行专业化统防统治，提高作业效率和防治效果，减少农药用量和包装物污染。

三、因苗制宜、促控管理

对生长过旺、群体过大的麦田，越冬前采取镇压措施。耕作粗放、坷垃较多的麦田，在地面封冻前进行镇压，保温保墒。镇压要在晴天中午或下午进行。

底肥不足、苗子弱小的麦田，结合冬前浇水适量补施化肥，促弱转壮。

地表有裂缝的麦田或弱苗进行中耕锄划，增温保墒。

四、合理浇灌越冬水

对播种前浇足底墒水、整地质量好，0～20厘米土壤相对含水量在70%以上的麦田免浇越冬水，通过镇压锄划达到抗旱、抗冻，保苗安全越冬的目的。

对于抢墒播种，越冬前又没有较大降水，0～20厘米土壤相对含水量低于60%的地块以及保墒能力差的沙漏地需要浇冻水。

一般掌握在11月下旬到12月上旬小麦进入越冬期前后，日平均气温在3℃左右，夜冻昼消时进行浇灌越冬水，浇水量一般掌握在每亩40立方米左右，浇过冻水后，要及时锄划，破除板结，弥补裂缝。

五、禁止麦田放牧

牲畜啃青会使小麦叶片遭受破坏，加重小麦冻害，甚至会使麦苗大量死亡，造成减产。要做好宣传，加强监管，坚决杜绝麦田放牧现象的发生。

第三节　早春管理

受地力水平、播种基础和越冬期气象条件等的影响，春季麦田苗情差异大，管理上要根据苗情、墒情，做好分类指导，通过镇压锄划、节水灌溉、合理施肥，及时防治病虫草害等措施，促苗早发，促进麦苗升级转化，构建合理群体，争取穗足粒多。

一、镇压锄划，增温保墒

对群体和墒情适宜麦田，早春先镇压后锄划，可以增温保墒，麦苗更加健壮；对有旺长趋势和群体过大的麦田，在晴好天气的午后进行镇压，抑制旺长；对弱小苗、土壤有裂缝的麦田，返青后及时中耕锄划，提高地温，避免早春冻害，促苗早发。

二、节水灌溉

1. 免浇返青水

一般年份，春季免浇返青水，促使小麦根系下扎，充分吸收土壤深层水，既能节水又避免了春季浇水对地温回升的影响，但要注意春季免浇返青水一定和中耕划锄与镇压相结合。

2. 浇好春季第一水

根据土壤墒情和小麦苗情，浇好春季第一次关键水，对群体偏大和群体适宜麦田，将春季第一次浇水推迟到拔节期，春水晚浇，促根控叶，保障孕穗期水分供给；对弱小苗和群体不足麦田以及严重缺墒麦田，在起身期浇春季第一水。

3. 选择节水灌溉方式

浇水时选择合理灌溉方式，通过定额灌溉、喷灌、淋灌等方式，达到节水稳产的目的（图1-8至图1-10）。

图1-8　卷盘式移动喷灌

图1-9　喷灌

图1-10　淋灌

三、合理施肥

一般地块，结合春季第一水，亩施尿素15千克左右，通过肥水的合理搭配，保障小麦节水稳产、增产。

四、防治病虫草害

开展病虫害预测预报，及时防治麦田纹枯病、根腐病、茎基腐病、红蜘蛛等，温度回升后小麦返青至拔节前搞好春季麦田杂草除治，使用除草剂防除播娘蒿、荠菜、藜等阔叶杂草，拔节后禁用除草剂，禾本科杂草采取人工拔除措施。

五、化控防倒

群体偏大麦田，后期倒伏风险增加，要在做好镇压、锄划、水肥调控的基础上，采取化控防倒措施，小麦起身期合理使用矮壮素、多效唑等植物生长调节剂，培育壮苗，缩短基部节间、降低株高，提高抗倒能力。

六、预防倒春寒

春季气温起伏波动较大，极易发生倒春寒，要密切关注天气变化预防冻害，对小麦拔节前的低温寒潮，在降温之前采取镇压、喷施调节剂等措施踏实土壤、提墒保墒，提高抗冻能力，拔节后如遇寒流，可以在寒流到来之前灌水，调节田间小气候，减小地面温度变化幅度。一旦发生冻害，及时进行叶面喷肥、中耕和追施速效肥，促进小麦尽快恢复生长。

第四节　中后期管理

一、及时开展小麦吸浆虫防治

根据预测预报，抓住防治关键期，以蛹期防治为重点，成虫扫残为辅，做好小麦吸浆虫的防治工作。蛹期采取撒毒土防治方法，在4月中下旬小麦孕穗期亩用2.5%甲基异柳磷颗粒剂1～1.5千克或5%毒死蜱颗粒剂0.6～0.9千克加细土25～30千克配成毒土，无露水时均匀撒施麦田。成虫期防治在抽穗至扬花前，喷药防治吸浆虫成虫，选用4.5%高效氯氰菊酯乳油40～50毫升或10%吡虫啉可湿性粉剂20～30克对水30千克，避开高温、大风天气进行喷雾防治。

二、浇好抽穗开花水

在免浇返青水、推迟春一水到拔节期的基础上，浇好开花水。小麦抽穗后2～3天即开花，抽穗开花期是小麦需水关键期，日耗水量达到最高峰，随后进入灌浆期，也是产量形成关键期，从抽穗到灌浆最适宜土壤相对含水量在75%～90%，此期干旱对产量影响很大，浇好这一水至关重要。浇水时看天气浇水，大风之日和大风来临前一天不可浇水，以防倒伏；缺肥麦田视苗情及前期追肥情况，适当补肥，时间不要过晚，以免造成小麦贪青晚熟，一般在抽穗到开花期结合浇水亩追尿素5～10千克。

三、灌浆期“一喷多防”

灌浆期是小麦产量形成的最重要时期，也是多种病虫为害期和干热风易发期，重点抓好“一喷多防”，以防病、治虫、防倒伏和干热风，延长灌浆时间、提高灌浆强度，促进光合产物积累，提高千粒重。首次“一喷多防”在抽穗后开花前进行，以防治吸浆虫、麦蚜为主，兼治赤霉病、白粉病、锈病等，并预防早衰和干热风。第二次在开花后10天左右进行，重点防治穗蚜、白粉病、赤霉病，并预防早衰和干热风，叶片有早衰迹象的每亩可以加入磷酸二氢钾100克对水30千克进行喷雾（图1-11，图1-12）。

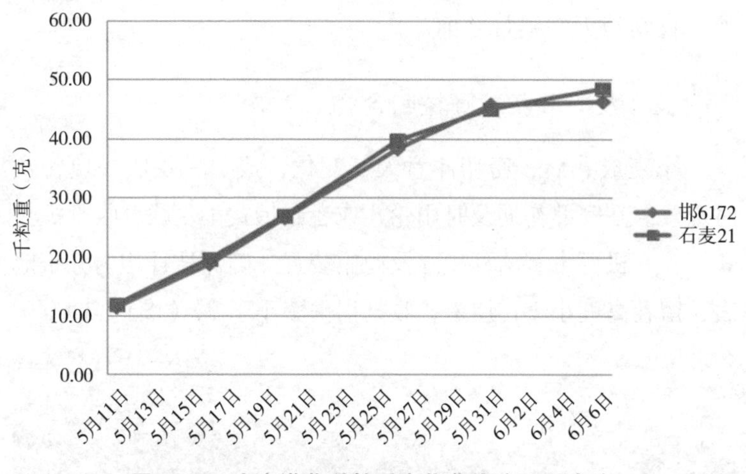

图1-11　小麦灌浆千粒重变化曲线（2016年）

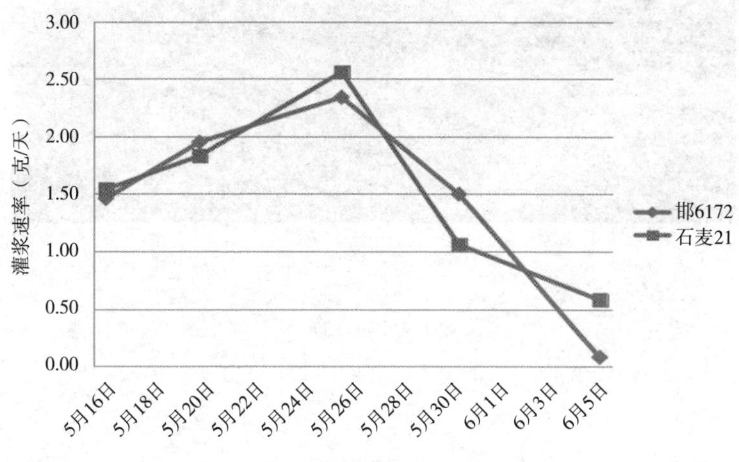

图1-12　小麦灌浆速率曲线（2016年）

四、拔除禾本科恶性杂草

节节麦、野燕麦、雀麦、看麦娘等禾本科恶性杂草比小麦成熟早，要在小麦抽穗灌浆前彻底拔除干净，并带出田外，将其消灭在结籽之前。

五、及时收获，颗粒归仓

小麦成熟后，密切注意天气变化，成熟一块收一块，及时抢收。在完熟初期及时用轮式或者履带式小麦联合收割机收获，收获机要带有秸秆粉碎及抛撒装置，确保秸秆均匀分布地表，留茬高度小于15厘米，收割损失率小于2%（图1-13）。

图1-13 机械收获

第二章　节水小麦品种和优质强筋小麦品种

第一节　小麦节水品种的特点

小麦节水品种是指在水分供应不能充分满足生长发育的生理需求时（缺亏灌溉），仍能取得较高籽粒产量的小麦品种。其具有以下特点（图2-1，图2-2）：

一是抗旱系数等于或大于1.1。

二是耐旱、抗旱、早熟，穗型中等、穗容量大、穗粒数稳、灌浆早而快。

三是株高中等，根系发达，初生根（种子根）多，4~5条以上。

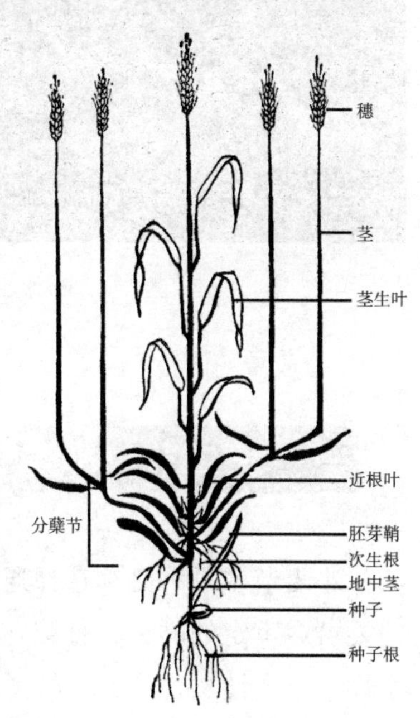

图2-1　小麦植株形态结构示意图

四是叶片上举，上2叶窄小，保绿性能好。

五是穗型紧凑、穗层整齐、粒重较高。

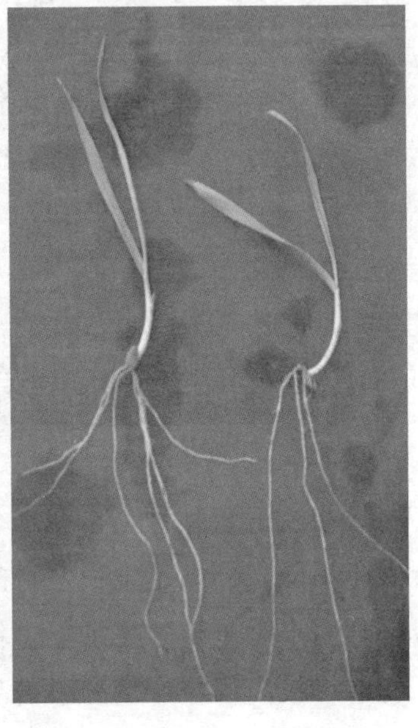

图2-2　节水小麦品种的特点

第二节　小麦节水品种的选择

小麦节水品种必须选择通过国家或河北省农作物品种审定委员会审定的品种，且综合抗性强、适应性广，并具有节水性、丰产性、稳产性、抗逆性（包括抗旱、抗寒、抗病、抗倒伏、抗干热风等）和优质特性兼顾的中早熟半冬性品种。种子质量为纯度不低于99%，净度不低于99%，发芽率不低于90%，水分不高于13%。

第三节　主推节水小麦品种介绍

一、邯6172

审定编号：国审麦2003036

选育单位：河北省邯郸市农业科学院

特征特性：半冬性，中熟，成熟期比对照豫麦49号晚1天。幼苗匍匐，分蘖力强，叶色深，叶片窄长。株高81厘米，株型紧凑，旗叶上冲，抗倒性一般。穗层较整齐，穗纺锤形，长芒，白壳，白粒，籽粒半角质。成穗率较高，平均亩穗数为40万穗，穗粒数为31粒，千粒重为39克。越冬抗寒性好，耐后期高温，熟相好。

抗病性：中抗纹枯病，高感赤霉病，高感叶锈病和白粉病，对秆锈病免疫。

籽粒品质：容重796克/升，粗蛋白质含量14.2%，湿面筋含量32.1%，沉降值28.2毫升，吸水率64.3%，面团稳定时间2.5分钟，最大拉伸阻力87E.U，拉伸面积21平方厘米。

产量表现：2002年参加黄淮冬麦区南片水地早播组区域试验，平均亩产470.4千克，比对照豫麦49号增产8.1%（显著）；2003年续试，平均亩产486.6千克，比对照豫麦49号增产6.4%（极显著）。2003年参加生产试验，平均亩产

481.4千克，比对照豫麦49号增产6.9%。

推广意见：适宜在黄淮海冬麦区北片的河北中南部、山东、山西中南部中上等水肥地种植。

二、邯麦15

审定编号：冀审麦2016004号

品种来源：邯00-3207/邯4564

选育单位：邯郸市农业科学院

特征特性：该品种属半冬性中熟品种，平均生育期242天，与对照石4185相当。幼苗半匍匐，叶色绿色，分蘖力较强。亩穗数为40.1万穗，成株株型较紧凑，株高为72.8厘米。穗长方形，长芒，白壳，白粒，硬质，籽粒较饱满。穗粒数为36.5个，千粒重为42.2克，容重为818.2克/升。熟相好。抗倒性中等。抗寒性优于对照石4185。

品质：2013年农业部谷物品质监督检验测试中心测定，粗蛋白质（干基）15.39%，湿面筋33.9%，沉降值32.7毫升，吸水量51.0毫升/100克，形成时间2.6分钟，稳定时间2.5分钟，最大拉伸阻力175E.U，延伸性185毫米，拉伸面积48平方厘米。

抗病性：河北省农林科学院植物保护研究所抗病性鉴定结果，2010—2011年度高抗条锈病，中感叶锈病，中感白粉病；2011—2012年度免疫条锈病，高抗叶锈病，中感白粉病。

产量表现：2010—2011年度冀中南水地组区域试验，平均亩产542.4千克；2011—2012年度同组区域试验，平均亩产527.2千克。2012—2013年度冀中南水地组生产试验，平均亩产503.4千克，2014—2015年度冀中南水地组生产试验，平均亩产568.8千克。

推广意见：建议在河北省中南部冬麦区中高水肥地块种植。

三、邯麦17

审定编号：国审麦2016022、冀审麦2016002号

品种来源：观35/藁9411

选育单位：邯郸市农业科学院

特征特性：半冬性，全生育期242天，比对照品种良星99早熟1天。幼苗半匍匐，抗寒性好，分蘖力中等，成穗率高。株高81厘米，茎秆坚韧，抗倒性较好。株型偏紧凑，旗叶小、上举，株行间通风透光好。穗层较整齐，穗纺锤形，长芒，白壳，白粒，籽粒角质、饱满度较好。后期耐热性一般，落黄较好。亩穗数46.9万穗，穗粒数33.5粒，千粒重40.7克。抗寒性鉴定，抗寒性级别1级。抗病性鉴定，中抗条锈病和叶锈病，中感纹枯病，高感白粉病、赤霉病。品质检测，籽粒容重807克/升，粗蛋白质含量14.30%，湿面筋含量30.6%，沉降值24.7毫升，吸水率58.5%，稳定时间2.1分钟，最大拉伸阻力205E.U，延伸性156毫米，拉伸面积47平方厘米。

产量表现：2012—2013年度参加黄淮海冬麦区北片水地组区域试验，平均亩产511.5千克，比对照品种良星99增产3.3%；2013—2014年度续试，平均亩产604.4千克，比良星99增产4.2%；2014—2015年度生产试验，平均亩产605.0

千克，比良星99增产5.8%。2012—2013年度冀中南水地组区域试验，平均亩产514.4千克，比对照石4185增产6.57%；2013—2014年度续试，平均亩产606.0千克，比对照石4185增产5.76%；2014—2015年度生产试验，平均亩产581.4千克，比对照石4185增产8.68%。

推广意见：适宜黄淮海冬麦区北片的山东、河北中南部、山西南部水肥地块种植。

四、邯农1412

审定编号：冀审麦2016001号

品种来源：良星99/品3

选育单位：河北工程大学；邯郸县第一原种场

特征特性：该品种属半冬性中熟品种，平均生育期242天，比对照石4185晚熟1天。幼苗半匍匐，叶色绿色，分蘖力较强。亩穗数为48.5万穗，成株株型较紧凑，株高为79.9厘米。穗纺锤形，长芒，白壳，白粒，硬质，籽粒较饱满。穗粒数为32.5个，千粒重为45.5克，容重为799.4克/升。熟相中等。抗倒性较好。抗寒性优于对照石4185。品质：2015年河北省农作物品种品质检测中心测定，粗蛋白质（干基）13.28%，湿面筋（14%湿基）28.8%，沉淀指数（14%湿基）29.5%毫升，吸水量68.9%，形成时间3.2分钟，稳定时间4.4分钟，拉伸面积30平方厘米，延伸性153毫米，最大拉伸阻力141E.U。

抗病性：河北省农林科学院植物保护研究所抗病性鉴定结果，2012—2013年度中抗条锈病，高抗叶锈病，免疫白粉病：2013—2014年度中抗条锈病，高抗叶锈病，中抗白粉病。

产量表现：2012—2013年度冀中南水地组区域试验，平均亩产512.9千克；2013—2014年度同组区域试验，平均亩产622.1千克。2014—2015年度冀中南水地组生产试验，平均亩产578.7千克。

推广意见：建议在河北省中南部冬麦区中高水肥地块种植。

五、中信麦9号

审定编号：冀审麦2015006号

品种来源：D703/邯4589

选育单位：河北众信种业科技有限公司

特征特性：该品种属半冬性中熟品种，平均生育期243天，与对照邯4589相当。幼苗直立，叶色绿色，分蘖力较强。亩穗数为45.9万穗，成株株型较松散，株高为69.5厘米。穗纺锤形，长芒，白壳，白粒，硬质，籽粒较饱满。穗粒数为33.3个，千粒重为36.8克，容重为780.4克/升。熟相好。抗倒性较强。抗寒性优于对照邯4589。品质：2014年农业部谷物品质监督检验测试中心测定，粗蛋白质（干基）13.91%，湿面筋29.5%，沉淀指数32.3毫升，吸水量61毫升/100克，形成时间3.2分钟，稳定时间4.7分钟，最大拉伸阻力386E.U，延伸性130毫米，拉伸面积68平方厘米。抗旱性：河北省农林科学院旱作农业研究所抗旱性鉴定，2011—2012年度人工模拟干旱棚抗旱指数为1.145，田间自然干旱环境抗旱指数为1.220，平均抗旱指数1.182，抗旱性强（2级）；2012—2013年度人工模拟干旱棚抗旱指数为1.053，田间自然干旱环境抗旱指数为1.188，平均抗旱指数1.121，抗旱性强（2级）。

抗病性：河北省农林科学院植物保护研究所抗病性鉴定，2011—2012年度中感条锈病，中抗叶锈病，中感白粉病；2012—2013年度高感条锈病，中感叶锈病，高感白粉病。

产量表现：2011—2012年度黑龙港流域节水组区域试验，平均亩产442.7千克；2012—2013年度同组区域试验，平均亩产469.1千克。2013—2014年度黑龙港流域节水组生产试验，平均亩产508.6千克。

推广意见：建议在河北省黑龙港流域冬麦区种植。

六、中信麦99

审定编号：冀审麦2016012号

品种来源：良星99/222

选育单位：河北众信种业科技有限公司

特征特性：该品种属半冬性中熟品种，平均生育期241天，比对照石4185晚熟1天。幼苗半匍匐，叶色深绿，分蘖力中等。成株株型半紧凑，株高78.4厘米。穗纺锤形，长芒，白壳，白粒，硬质，籽粒较饱满。亩穗数47.7万穗，穗粒数32.7个，千粒重45.4克。熟相较好。抗倒性较好。抗寒性优于对照石4185。品质：2016年河北省农作物品种品质检测中心测定，粗蛋白质（干基）13.68%，湿面筋（14%湿基）30.1%，吸水量66.2毫升/100克，形成时间2.8分钟，稳定时间3.5分钟，容重809克/升。

抗病性：河北省农林科学院植物保护研究所抗病性鉴定结果，2013—2014年度慢锈条锈病，慢锈叶锈病，高抗白粉病；2014—2015年度高抗条锈病，高抗叶锈病，中抗白粉病。

产量表现：2013—2014年度冀中南水地组区域试验，平均亩产612.7千克；2014—2015年度同组区域试验，平均亩产587.6千克。2015—2016年度生产试验，平均亩产585.5千克。

推广意见：适宜在河北省中南部冬麦区中高水肥地块种植。

七、邢麦13号

审定编号：国审麦2016021

品种来源：衡9117-2/邯4589杂交选育

选育单位：邢台市农业科学研究院

特征特性：半冬性，全生育期241天，成熟期较对照良星99早熟2天。幼苗半匍匐，叶浓绿，抗寒性好，分蘖力较强，分蘖成穗率高。株型偏紧凑，旗叶上举，株高适中，株高74.3厘米，茎秆有弹性。穗层整齐度一致，穗纺锤形，长芒，白壳，白粒，籽粒角质、饱满度较好。落黄早，熟相好。亩穗数48.3万穗，穗粒数35.3粒，千粒重38.4克。抗寒性鉴定，抗寒性级别1级。耐旱性强，这几年在全省示范种植过程中，分别按春〇水、春一水、春二水（拔节水、灌浆水）与当地品种进行对照种植实验，经检测分别比对照平均增产3.47%、2.55%、4.34%。抗倒性好，在近几年的示范种植中抗倒性表现突出，尤其在2013年的生产示范中，全省普遍遭遇大风倒伏，而邢麦13号在邢台的隆尧、邯郸的磁县、临漳、石家庄的赵县、鹿泉、辛集等地近9 000亩的示范田表现出了比当地其他品种抗倒性强之特点，受到众多农户喜爱。

产量表现：邢麦13号2013年参加国家区域试验，17点汇总，17点增产，增产点率100%，比对照良星99增产6.8%，增产极显著。2014年继续参加国家区域区试，20点汇总，20点增产，增产点率100%，比对照良星99增产4.1%，增产极显著。2015年在生产试验中，10点汇总，10点增产，增产点率100%，比对照良99增产5.4%。

推广意见：审定适宜种植区域为黄淮海冬麦区北片的山东、河北中南部、山西南部水肥地块种植。

八、轮选103

审定编号：冀审麦2015001号

品种来源：石麦12/石家庄8号

选育单位：中国农业科学院作物科学研究所、赵县农业科学研究所

特征特性：该品种属冬性品种，平均生育期242天。幼苗半匍匐，叶色绿色，分蘖力较强。穗纺锤形，白壳，白粒，硬质，籽粒饱满。亩穗数48.2万穗，穗粒数31.8个，千粒重39.5克，容重778.8克/升。熟相好。成株株型较紧凑，株高68.6厘米，抗倒性好。2015—2016年河北省农林科学院旱作农业研究所鉴定：轮选103抗旱指数1.109，属于抗旱性强的品种。

产量表现：2011—2012年度冀中南水地组区域试验，平

均亩产516.8千克；2012—2013年度同组区域试验，平均亩产511.9千克。2013—2014年度冀中南水地组生产试验，平均亩产586.4千克。

推广意见：建议在河北省中南部冬麦区中高水肥地块种植。

九、石农086

审定编号：冀审麦2014001号

品种来源：鲁麦14/邯6172

审定单位：石家庄大地种业有限公司

特征特性：该品种属半冬性中熟品种，平均生育期243天。幼苗半匍匐，叶色深绿，分蘖力中等。成株株型紧凑，株高73.2厘米。穗长方形，长芒，白壳，白粒，硬质，籽粒较饱满。亩穗数41.4万穗，穗粒数32.5个，千粒重46.4克，容重816.6克/升。抗倒性较强，抗寒性2010—2011年度与石4185相当，2011—2012年度优于石4185。2013年农业部谷物品质监督检验测试中心测定，粗蛋白质（干基）14.64%，湿面筋31.1%，沉降值30.6毫升，吸水量57.6毫升/100克，形成时间3.0分钟，稳定时间4.2分钟。

抗病性：河北省农林科学院植物保护研究所抗病性鉴定，2010—2011年度免疫白粉病、条锈病，高抗叶锈病；2011—2012年度免疫白粉病、叶锈病，高抗条锈病。

产量表现：2010—2011年度冀中南水地组区域试验，平均亩产546.1千克。2011—2012年度同组区域试验，平均亩产525.9千克。2012—2013年度生产试验，平均亩产500.7千克。

推广意见：建议在河北省中南部冬麦区中高水肥地块种植。

十、石麦15号

审定编号：国审麦2009025

选育单位：石家庄市农业科学研究院、河北省农林科学院遗传生理研究所

特征特性：半冬性，中熟，成熟期比对照石4185晚1天左右。幼苗匍匐，长势壮，分蘖力强，成穗率高。株高78厘米左右，株型紧凑，秆细，旗叶小而上举，叶片卷曲，穗下节短，穗层整齐。穗纺锤形，穗小，小穗排列密，短芒，白壳，白粒，籽粒饱满，半角质。平均亩穗数43.5万穗，穗粒数35.6粒，千粒重38.4克。抗倒性一般。成熟落黄较好，抗寒性好。

抗病性：中抗秆锈病，中感叶锈病，中感至高感条锈病，高感赤霉病、纹枯病、白粉病。

籽粒品质：2006年、2007年分别测定混合样为容重789克/升、784克/升，粗蛋白质（干基）含量13.48%、14.01%，湿面筋含量30.1%、31%，沉降值20.0毫升、18.8毫升，吸水率56.0%、56.9%，稳定时间2.0分钟、1.4分钟，最大拉伸阻力119E.U、88E.U，延伸性11.6厘米、11.8厘米，拉伸面积20平方厘米、14平方厘米。

产量表现：2005—2006年度参加黄淮海冬麦区北片水地组品种区域试验，平均亩产523.8千克，比对照石4185增产5.24%；2006—2007年度续试，平均亩产531.3千克，比对

照石4185增产4.03%。2006—2007年度生产试验，平均亩产575.2千克，比对照石4185增产4.34%。

推广意见：建议在黄淮海冬麦区北片的山东、河北中南部、山西南部中高水肥地种植。

十一、石麦18

审定编号：冀审麦2008004号

品种来源：（92鉴3/T447）F2/冀麦38/石4185

选育单位：石家庄市农业科学院

特征特性：该品种属半冬性。幼苗半匍匐，叶片绿色，分蘖力较强。株型紧凑，株高75厘米左右。亩穗数45万穗左右，穗层整齐。穗纺锤形，长芒，白壳，白粒，硬质，籽粒饱满。穗粒数34.4个，千粒重38.0克，容重783.7克/升。生育期239天左右，与石4185品种相当。熟相较好。抗倒性强。抗寒性与石4185品种相当。

产量表现：2006—2007年度、2007—2008年度冀中南水地组两年区域试验平均亩产539.49千克，比石4185品种增产5.45%。2007—2008年度同组生产试验，平均亩产522.57千克，比石4185品种增产7.40%。

推广意见：适宜河北省中南部冬麦区中高水肥地块种植。

十二、石麦22

审定编号：国审麦2011014

选育单位：石家庄市农业科学研究院

特征特性：半冬性早熟品种，成熟期平均比对照石4185早熟1天左右。幼苗半匍匐，叶宽苗壮，分蘖力强，成穗率较高。株型偏松散，旗叶中长、窄、上举，穗下节较短，穗层整齐。茎秆较细，茎叶蜡质轻，弹性中等，抗倒性一般。抗寒性较好。穗纺锤形，短芒，白壳，白粒，半角质。灌浆后期旗叶干尖明显，熟相较好。亩穗数42.9万穗、穗粒数35.2粒、千粒重40.3克。

抗病性：高感条锈病、叶锈病、白粉病、纹枯病，中感赤霉病。

籽粒品质：2010年、2011年品质测定结果分别为籽粒容重786克/升、802克/升，硬度指数66（2011年），粗蛋白质含量13.29%、12.44%；面粉湿面筋含量28.1%、26.9%，沉降值17.5毫升、14.8毫升，吸水率53.8%、52.6毫升/100克，稳定时间1.8分钟、1.6分钟。

产量表现：2009—2010年度参加黄淮冬麦区北片水地组品种区域试验，平均亩产522.6千克，比对照石4185增产7.6%；2010—2011年度续试，平均亩产586.9千克，比对照良星99增产4.8%。2010—2011年度生产试验，平均亩产582.0千克，比对照石4185增产5.8%。

推广意见：适宜在黄淮海冬麦区北片的山东省，河北省中南部，山西省南部高中水肥地块种植。

十三、石新828

审定编号：冀审麦2013012

品种来源：422/石新163/612

选育单位：石家庄市小麦新品种新技术研究所、河北嘉丰种业有限公司

特征特性：该品种属半冬性中熟品种，平均生育期249天。幼苗半匍匐，叶片绿色，分蘖力较强。成株株型紧凑，株高69.1厘米。穗棍棒形，长芒，白壳，白粒，硬质，籽粒较饱满。亩穗数40.7万穗，穗粒数33.8个，千粒重42.8克，容重806.5克/升。抗倒性强，抗寒性低于京冬8号。2005年河北省农作物品种品质检测中心检测结果：籽粒粗蛋白质13.88%，沉降值26.9毫升，湿面筋31.0%，吸水率62.3%，形成时间2.1分，稳定时间2.4分。

抗病性：河北省农林科学院植物保护研究所抗病性鉴定，2010—2011年度中感白粉病、高抗条锈病，中抗叶锈病；2011—2012年度中抗条锈病，中感叶锈病、白粉病。

产量表现：2010—2011年度冀中北水地（优质）组扩区试验平均亩产512千克，2011—2012年度冀中北水地（优质）组扩区试验平均亩产488千克。

推广意见：建议在保定除涞源、阜平、易县山区外中高水肥地块种植，注意防止冻害。

十四、衡观35

审定编号：国审麦2006010

选育单位：河北省农林科学院旱作农业研究所

特征特性：半冬性，中早熟，成熟期比对照豫麦49号和新麦18早1～2天。幼苗直立，叶宽披，叶色深绿，分蘖力中等，春季起身拔节早，生长迅速，两极分化快，抽穗早，成

穗率一般。株高77厘米左右，株型紧凑，旗叶宽大、卷曲，穗层整齐，长相清秀。穗长方形，长芒，白壳，白粒，籽粒半角质，饱满度一般，黑胚率中等。平均亩穗数36.6万穗，穗粒数37.6粒，千粒重39.5克。苗期长势壮，抗寒力中等。茎秆弹性好，抗倒性较好。耐后期高温，成熟早，熟相较好。

抗病性：中抗秆锈病，中感白粉病、纹枯病，中感至高感条锈病，高感叶锈病、赤霉病。田间自然鉴定：叶枯病较重。

籽粒品质：2005年、2006年分别测定混合样为容重783克/升、794克/升，粗蛋白质（干基）含量13.99%、13.75%，湿面筋含量29.3%、30.3%，沉降值32.5毫升、27.2毫升，吸水率62%、60.4%，稳定时间3分钟、3分钟。

产量表现：2004—2005年度参加黄淮海冬麦区南片冬水组品种区域试验，平均亩产494.85千克，比对照豫麦49号增产1.98%（不显著）；2005—2006年度续试，平均亩产552.93千克，比对照1新麦18增产6.24%（极显著），比对照2豫麦49号增产6.78%（极显著）。2005—2006年度生产试验，平均亩产503.5千克，比对照豫麦49号增产6.44%。

推广意见：适宜在黄淮海冬麦区南片的河南中北部、安徽北部、江苏北部、陕西关中地区、山东菏泽地区的高中产水肥地早中茬种植。

十五、衡4399

审定编号：冀审麦2008002号

选育单位：河北省农林科学院旱作农业研究所

特征特性：半冬性。幼苗匍匐，叶片深绿色，分蘖力较强。株型较紧凑，株高72厘米左右。亩穗数45万穗左右，穗层整齐。穗长方形，长芒，白壳，白粒，硬质，籽粒较饱满。穗粒数33.8个，千粒重39.5克，容重792.3克/升。生育期239天左右，与石4185品种相当。熟相较好。抗倒性较强。抗寒性与石4185品种相当。

抗病性：河北省农林科学院植物保护研究所鉴定结果为2006—2007年度中感条锈病、叶锈病、白粉病；2007—2008年度中感条锈病、叶锈病、白粉病。

籽粒品质：2008年河北省农作物品种品质检测中心测定结果为籽粒粗蛋白质14.58%，沉降值18.7毫升，湿面筋29.2%，吸水率58.0%，形成时间3.0分钟，稳定时间2.8分钟。

产量表现：2006—2007年度、2007—2008年度冀中南水地组两年区域试验平均亩产547.09千克，比石4185品种增产6.93%。2007—2008年度同组生产试验，平均亩产524.56千克，比石4185品种增产7.81%。

推广意见：建议在冀中南冬麦区中高水肥地块种植。

十六、衡S29

审定编号：冀审麦2015002，国审麦2016025

品种来源：衡98-5229系统选育

选育单位：河北巡天农业科技有限公司、河北省农林科学院旱作农业研究所

特征特性：半冬性，全生育期241天，比对照品种良星99早熟2天。幼苗匍匐，抗寒性好，分蘖力中等，成穗率

高，穗层整齐度一般。春季发育稍快，偏南部区域易受春季低温影响，结实性下降。株型紧凑，旗叶上冲，茎叶蜡质较多。株高81厘米，抗倒性一般。穗纺锤形，长芒，白壳，白粒，籽粒角质、饱满度较好，熟相中等。亩穗数47.2万穗，穗粒数34.2粒，千粒重39.8克。抗寒性鉴定，抗寒性级别1级。抗病性鉴定，中抗条锈病，中感白粉病，高感叶锈病、赤霉病、纹枯病。品质检测，籽粒容重803克/升，粗蛋白质含量14.76%，湿面筋含量32.4%，沉降值22.7毫升，吸水率57.2%，稳定时间2.1分钟，最大拉伸阻力126E.U，延伸性145毫米，拉伸面积25平方厘米。

产量表现：2012—2013年度参加黄淮海冬麦区北片水地组区域试验，平均亩产514.4千克，比对照品种良星99增产3.3%；2013—2014年度续试，平均亩产602.6千克，比良星99增产3.4%。2014—2015年度生产试验，平均亩产588.7千克，比良星99增产2.9%。

推广意见：适宜黄淮海冬麦区北片的山东、河北中南部、山西南部水肥地块种植。

十七、衡0816

审定编号：冀审麦2013010号

品种来源：冀9709/温6

选育单位：河北省农林科学院旱作农业研究所

特征特性：该品种属半冬性中熟品种，平均生育期247天。幼苗半匍匐，叶色深绿，分蘖力中等。株型较松散，株高69.3厘米。穗长方形，长芒，籽粒硬质，饱满度中等。千粒重42.8克，容重771.6克/升。抗旱、抗倒性强。

产量表现：2010—2012年连续三年参加黑龙港流域节水组区域试验，分别比对照品种增产10.6%、9.2%、12.3%。2013年河北省农林科学院邀请有关专家，对衡0816小麦进行了现场测产，一致认为：春浇一水亩产超千斤，春浇二水亩产超600千克。

推广意见：建议在河北省黑龙港流域冬麦区种植。

十八、河农6049

审定编号：国审麦2009019

品种来源：石6021/河农91459

选育单位：河北农业大学

特征特性：半冬性，中熟，成熟期与对照石4185相当。幼苗匍匐，分蘖力较强，成穗率中等。株高90厘米左右，株型略松散，旗叶宽大。穗层厚，穗层整齐度一般，穗较大。穗纺锤形，长芒，白壳，白粒，籽粒半角质、较饱满。两年区试平均亩穗数40.5万穗，穗粒数40.5粒，千粒重36.5克。抗寒性鉴定，抗寒性1级，抗寒性好。耐倒春寒能力较强。抗倒性中等。落黄好。接种抗病性鉴定：中感纹枯病、赤霉病，高感条锈病、叶锈病、白粉病。2007年、2008年分别测定品质（混合样）：籽粒容重798克/升、799克/升，硬度指数55.0（2008年），粗蛋白质含量14.88%、14.64%；面粉湿面筋含量34.4%、33.2%，沉降值19.5毫升、19.1毫升，吸水率55.2%、53.7%，稳定时间1.4分钟、1.4分钟，最大抗延阻力93E.U、100E.U，延伸性11.9厘米、11.9厘米，拉伸面积

15平方厘米、16平方厘米。

产量表现：2006—2007年度参加黄淮海冬麦区北片水地组品种区域试验，平均亩产532.6千克，比对照石4185增产2.62%；2007—2008年度续试，平均亩产535.0千克，比对照石4185增产3.68%。2008—2009年度生产试验，平均亩产513.5千克，比对照石4185增产3.76%。

推广意见：适宜在黄淮海冬麦区北片的山东北部、河北中南部、山西南部高中水肥地块种植。

十九、河农7106

审定编号：冀审麦2012006

品种来源：河农9923×河农4631

审定单位：河北农业大学

特征特性：属半冬性中熟品种，生育期241天左右。幼苗半匍匐，叶片绿色，分蘖力较强。成株株型较松散，株高68.5厘米。穗长方形，长芒，白壳，白粒，半硬质，籽粒较饱满。亩穗数41.6万穗，穗粒数34.6个，千粒重40.1克，容重764.2克/升。抗倒性强，抗寒性与邯4589相当。2011年农业部谷物品质监督检验测试中心（哈尔滨）测定，籽粒粗蛋白质（干基）13.73%，湿面筋30.6%，沉降值27.1毫升，吸水率51.8%，形成时间2.8分钟，稳定时间3.4分钟。

抗旱性：河北省农林科学院旱作农业研究所抗旱性鉴定，2007—2008年度抗旱指数1.088，2009—2010年度抗旱指数1.122。抗旱性强。

抗病性：河北省农林科学院植物保护研究所抗病性鉴

定，2007—2008年度中感叶锈病、白粉病和条锈病；2009—2010年度中抗条锈病，中感叶锈病和白粉病。

产量表现：2007—2008年度黑龙港流域节水组区域试验平均亩产428千克，2009—2010年度同组区域试验平均亩产396千克。2010—2011年度生产试验平均亩产456千克。

推广意见：建议在河北省黑龙港流域冬麦区种植。

二十、婴泊700

审定编号：冀审麦2012001号

选育单位：河北婴泊种业科技有限公司

特征特性：属半冬性中熟品种，生育期243天左右。幼苗半匍匐，分蘖力较强。成株株型较紧凑，株高69.4厘米，后期叶片有轻度干尖现象。穗长方形，长芒，白壳，白粒，硬质，籽粒较饱满。亩穗数41.2万穗，穗粒数33.3个，千粒重43.4克，容重803.6克/升。抗倒性较强，抗寒性优于石4185。

抗病性：河北省农林科学院植物保护研究所抗病性鉴定，2008—2009年度高抗白粉病，高抗条锈病，中感叶锈病；2009—2010年度中抗白粉病，中感叶锈病和条锈病。

籽粒品质：2011年农业部谷物品质监督检验测试中心（哈尔滨）测定，籽粒粗蛋白质（干基）14.14%，湿面筋30.6%，沉降值25.8毫升，吸水率61.4%，形成时间3.2分钟，稳定时间3分钟。

产量表现：2008—2009年度冀中南水地组区域试验平均亩产517千克，2009—2010年度同组区域试验平均亩产472千克。2010—2011年度生产试验平均亩产553千克。

推广意见： 建议在河北省中南部冬麦区中高水肥地块种植。

二十一、农大399

审定编号： 冀审麦2012004号

选育单位： 中国农业大学农学与生物技术学院、河北金诚种业有限责任公司

特征特性： 属半冬性中熟品种，生育期242天左右。幼苗半匍匐，叶色深绿，分蘖力较强。成株株型紧凑，株高68.2厘米。穗纺锤形，长芒，白壳，白粒，半硬质，籽粒较饱满。亩穗数40.2万穗，穗粒数34.6个，千粒重39.8克。抗倒性强，抗寒性低于石4185。

抗病性： 河北省农林科学院植物保护研究所抗病性鉴定，2008—2009年度中抗白粉病，高感叶锈病和条锈病；2009—2010年度中抗白粉病，中感叶锈病和条锈病。

籽粒品质： 2011年农业部谷物品质监督检验测试中心（哈尔滨）测定，籽粒粗蛋白质（干基）14.14%，湿面筋33%，沉降值24.2毫升，吸水率57.8%，形成时间2.4分钟，稳定时间2分钟。

产量表现： 2008—2009年度冀中南水地组区域试验平均亩产520千克，2009—2010年度同组区域试验平均亩产480千克。2010—2011年度生产试验平均亩产557千克。

推广意见： 建议在河北省中南部冬麦区中高水肥地块种植。

二十二、济麦22

审定编号：国审麦2006018

选育单位：山东省农业科学院作物研究所

特征特性：半冬性，中晚熟，成熟期比对照石4185晚1天。幼苗半匍匐，分蘖力中等，起身拔节偏晚，成穗率高。株高72厘米左右，株型紧凑，旗叶深绿、上举，长相清秀，穗层整齐。穗纺锤形，长芒，白壳，白粒，籽粒饱满，半角质。平均亩穗数40.4万穗，穗粒数36.6粒，千粒重40.4克。茎秆弹性好，较抗倒伏。有早衰现象，熟相一般。抗寒性鉴定：抗寒性差。

抗病性：接种抗病性鉴定为中抗白粉病，中抗至中感条锈病，中感至高感秆锈病，高感叶锈病、赤霉病、纹枯病。

籽粒品质：2005年、2006年分别测定混合样为容重809克/升、773克/升，粗蛋白质（干基）含量13.68%、14.86%，湿面筋含量31.7%、34.5%，沉降值30.8毫升、31.8毫升，吸水率63.2%、61.1%，稳定时间2.7分钟、2.8分钟，最大拉伸阻力196E.U、238E.U，拉伸面积45平方厘米、58平方厘米。

产量表现：2004—2005年度参加黄淮冬麦区北片水地组品种区域试验，平均亩产517.06千克，比对照石4185增产5.03%（显著）；2005—2006年度续试，平均亩产519.1千克，比对照石4185增产4.30%（显著）。2005—2006年度生产试验，平均亩产496.9千克，比对照石4185增产2.05%。

推广意见：建议在黄淮冬麦区北片的山东、河北南部、山西南部、河南安阳和濮阳的水地种植。

二十三、良星99

审定编号： 国审麦2006016

选育单位： 德州市良星种子研究所

特征特性： 半冬性，中熟，成熟期与对照石4185相当。幼苗半匍匐，叶色深绿，生长健壮，分蘖力强，两极分化快，成穗率高。株高78厘米左右，株型紧凑，旗叶上举，穗层较厚。穗纺锤形，长芒，白粒，角质。平均亩穗数41.6万穗，穗粒数35.7粒，千粒重40.0克。茎秆坚实，弹性好，较抗倒伏。轻度早衰，落黄一般。抗寒性鉴定：抗寒性好。

抗病性： 接种抗病性鉴定为高抗白粉病，中抗至中感条锈病，中感纹枯病，中感至高感叶锈病、秆锈病。

籽粒品质： 2005年、2006年分别测定混合样为容重804克/升、797克/升，粗蛋白质（干基）含量14.24%、14.42%，湿面筋含量29.5%、31.8%，沉降值27.6毫升、29.8毫升，吸水率63.3%、60.6%，稳定时间2.6分钟、3.2分钟，最大抗延阻力250E.U、264E.U，拉伸面积52平方厘米、62平方厘米。

产量表现： 2004—2005年度参加黄淮海冬麦区北片水地组品种区域试验，平均亩产509.13千克，比对照石4185增产4.17%（显著）；2005—2006年度续试，平均亩产529.2千克，比对照石4185增产4.40%（极显著）。2005—2006年度生产试验，平均亩产498.9千克，比对照石4185增产2.46%。

推广意见： 建议在黄淮海冬麦区北片的山东、河北中南部、山西南部、河南安阳和濮阳的水地种植。

第四节 优质强筋小麦国家标准（GB/T 17892—1999）

表2-1 强筋小麦品质指标

项目		等级	
		一等	二等
籽粒	容重（克/升）	≥770	
	水分（%）	≤12.5	
	不完善粒（%）	≤6.0	
籽粒	杂质总量（%）	≤1.0	
	矿物质（%）	≤0.5	
	色泽气味	正常	
	降落数值（秒）	≥300	
	粗蛋白质（干基，%）	≥15.0	≥14.0
小麦粉	湿面筋（14%水分基，%）	≥35.0	≥32.0
	面团稳定时间（分钟）	≥10.0	≥7.0
	烘焙品质评分值	≥80	

第五节 主推优质强筋小麦品种介绍

一、藁优2018

审定编号：冀审麦2008007号

选育单位：藁城市农业科学研究所

特征特性：半冬性。幼苗半匍匐，叶片深绿色，分蘖力较强。株型紧凑，株高73厘米左右。亩穗数48万穗左右，穗层较整齐。穗长方形，长芒，白壳，白粒，硬质，籽粒较饱满。穗粒数31.9个，千粒重38.6克，容重789.9克/升。生育期240天左右，与藁8901品种相当。抗倒性强。2005—2006年度抗寒性与藁8901品种相当，2006—2007年度抗寒性优于藁8901品种。

抗病性：河北省农林科学院植物保护研究所鉴定结果：2005—2006年度中抗条锈病，高抗叶锈病，中感白粉病；2006—2007年度中感条锈病、高抗叶锈病，中抗白粉病。

籽粒品质：河北省农作物品种品质检测中心测定结果为2006年籽粒粗蛋白质14.98%，沉降值44.2毫升，湿面筋31.9%，吸水率58.1%，形成时间6.8分钟，稳定时间28.0分钟；2007年籽粒粗蛋白质15.48%，沉降值45.8毫升，湿面筋31.8%，吸水率57.4%，形成时间6.0分钟，稳定时间24.0分钟。

产量表现：2005—2006年度、2006—2007年度冀中南优质组两年区域试验平均亩产501.89千克，比藁8901品种增产6.58%。2007—2008年度同组生产试验，平均亩产495.43千克，比藁8901品种增产5.36%。

推广意见：建议在冀中南冬麦区中高水肥地块种植。

二、师栾02-1

审定编号：国审麦2007016

选育单位：河北师范大学、栾城县原种场

特征特性：半冬性，中熟，成熟期比对照石4185晚1天左右。幼苗匍匐，分蘖力强，成穗率高。株高72厘米左右，株型紧凑，叶色浅绿，叶小上举，穗层整齐。穗纺锤形，护颖有短绒毛，长芒，白壳，白粒，籽粒饱满，角质。平均亩穗数45.0万穗，穗粒数33.0粒，千粒重35.2克。春季抗寒性一般，旗叶干尖重，后期早衰。茎秆有蜡质，弹性好，抗倒伏。抗寒性鉴定：抗寒性中等。

抗病性：中抗纹枯病，中感赤霉病，高感条锈病、叶锈病、白粉病、秆锈病。

籽粒品质：2005年、2006年分别测定混合样为容重803克/升、786克/升，粗蛋白质（干基）含量16.30%、16.88%，湿面筋含量32.3%、33.3%，沉降值51.7毫升、61.3毫升，吸水率59.2%、59.4%，稳定时间14.8分钟、15.2分钟，最大抗延阻力654E.U、700E.U，拉伸面积163平方厘米、180平方厘米，面包体积760平方厘米、828平方厘米，面包评分85分、92分。

产量表现：2004—2005年度参加黄淮冬麦区北片水地组品种区域试验，平均亩产491.7千克，比对照石4185增产0.14%；2005—2006年度续试，平均亩产491.5千克，比对照石4185减产1.21%。2006—2007年度生产试验，平均亩产560.9千克，比对照石4185增产1.74%。

推广意见：建议在黄淮海冬麦区北片的山东中部和北部、河北中南部、山西南部中高水肥地种植。

三、藁优5218

审定编号：冀审麦2015005号

亲本组合：西农979/8901-11-14

选育单位：石家庄市藁城区农业科学研究所

特征特性：该品种属半冬性中早熟品种，平均生育期240天，比对照师栾02-1早熟2天。幼苗半匍匐，叶色绿色，分蘖力较强。亩穗数45.34万穗，成株株型较松散，株高72.71厘米。穗长方形，长芒，白壳，白粒，硬质，籽粒较饱满。穗粒数37.06个，千粒重34.04克，容重776.44克/升。熟相中等。抗寒性与对照师栾02-1相当。

籽粒品质：2012年农业部谷物品质监督检验测试中心测定，粗蛋白质（干基）15.25%，湿面筋32.1%，沉淀指数40.9毫升，吸水量59.9毫升/100克，形成时间8.2分钟，稳定时间37.0分钟，最大拉伸阻力739E.U，延伸性153毫米，拉伸面积150平方厘米；2013年农业部谷物品质监督检验测试中心测定，粗蛋白质（干基）16.65%，湿面筋35.2%，沉淀指数41.3毫升，吸水量58.0毫升/100克，形成时间2.4分钟，稳定时间8.1分钟，最大拉伸阻力608E.U，延伸性217毫米，拉伸面积182平方厘米。

抗病性：河北省农林科学院植物保护研究所抗病性鉴定，2011—2012年度中抗条锈病，中抗叶锈病，高感白粉病；2012—2013年度中感条锈病，中感叶锈病，高感白粉病。

产量表现：2011—2012年度冀中南优质组区域试验，平均亩产479.1千克；2012—2013年度同组区域试验，平均亩产496.7千克。2013—2014年度冀中南优质组生产试验，平均亩产532.8千克。

推广意见：建议在河北省中南部冬麦区中高水肥地块种植。

第三章　小麦需水规律与灌溉技术

小麦是需水较多的农作物，小麦一生总耗水量每亩为260～400立方米（400～600毫米），邯郸市既是小麦生产大市，又是极度资源性缺水地区，因此根据小麦需水规律，结合邯郸市气象、土壤条件等特点，制定合理的灌溉措施，在提高水分生产率的同时实现小麦的稳产、高产，对确保粮食生产安全和保护水资源意义重大。

第一节　小麦的耗水量

小麦的耗水量（或需水量）是指小麦从播种到收获的整个生育期间对水分的消耗量。小麦的耗水量=播种时土壤含水量+生长期总灌水量+有效降水量-收获期土壤储水量，一般用立方米或毫米为单位。小麦一生总耗水量每亩为260～400立方米（400～600毫米），其中30%～40%为土壤蒸发，60%～70%为植株蒸腾。小麦的耗水系数指每生产一个单位籽粒需要消耗的水分量，一般用每生产1千克小麦所需水的千克数表示。亩产500千克小麦耗水系数在700毫米左右。在一般情况下，随着产量水平的提高，总耗水量增加，

二、出苗到越冬期

苗期苗小生长量小，越冬期麦苗基本停止生长，对土壤水分需求也少，该时期以田间土壤相对含水量范围在60%～80%为宜。

三、返青期到拔节期

随着气温的回升，麦苗生长量和棵间蒸发量增加，对土壤相对含水量的要求增加，在70%～80%范围内为宜。

四、拔节到抽穗开花

此期营养生长很快，结实器官也急剧形成，对土壤水分反应敏感，要求也高，一般要求在75%～90%。土壤水分不足，会影响有效穗数和穗粒数，保证这段的土壤适宜湿度是小麦丰产的关键。

五、灌浆到成熟阶段

此期对土壤水分的要求不如中期那样多，一般以60%～80%为宜，低于60%以下，就会影响有机养分的合成和向籽粒中输送，秕粒增多，千粒重下降，严重影响产量。

表3-1　小麦各生育期的适宜土壤水分表

生育时期	出苗	分蘖～越冬	返青	拔节	抽穗开花	灌浆～成熟
适宜范围（%）	75～80	60～80	70～80	70～80	75～90	60～80

（续表）

生育时期	出苗	分蘖～越冬	返青	拔节	抽穗开花	灌浆～成熟
显著受影响的土壤水分含量（%）	70以下 90以上	60以下	60以下	65以下	70以下	60以下
土壤深度（厘米）	0～40	0～40	0～60	0～60	0～80	0～80

第四节　邯郸市气候和水资源特点

小麦墒情的变化深受地域气候的影响，邯郸市属暖温带半湿润半干旱大陆性季风气候，多年平均降水量548.9毫米，人均水资源量192立方米/人，仅为全国平均水平的9%，远低于联合国确定的人均500立方米的严重缺水线标准，属于极度资源性缺水地区。且空间分布不均，西部水资源量较为丰富，东部水资源量偏少。邯郸市降水多集中于7—9月三个月，小麦生长期间处于枯水期，降水和小麦生育期需水不同步，主要通过人工灌溉来满足小麦对水分的需求，东部平原区多是农业生产大县，农业用水量大，但是水资源严重不足，地下水超采较为严重，引起地下水位下降、漏斗范围扩大、机井报废、地面沉降、地裂缝等环境问题。因此，推广小麦节水高产栽培技术，节约用水，通过提高水分利用率达

到高产、稳产的目的，是促进小麦生产可持续发展和保护环境的主要途径。

第五节 灌溉技术措施

按照小麦的需水规律，针对邯郸市土壤、气候和水资源条件，做好以足墒播种和节水灌溉为主的田间灌溉。根据水利条件分类，春季只能浇一水的麦田，以浇在拔节孕穗期效果最好。春季能浇两水的麦田，群体小的以拔节水配合孕穗水最好；群体大的麦田以拔节水和灌浆水相配合最佳。在不同灌水组合中，中低产条件下起身到拔节水特别重要，无论哪种组合，凡与拔节期浇水配合的增产效果均很好。高产麦田，在冬前造足底墒，早春保墒壮苗情况下，早春应控水肥，蹲住基部节间，注意在拔节后灌水促进，有利于形成壮秆大穗。

一、播种期

小麦足墒下种是保证全苗、促进幼苗健壮、根系发育良好、增加年前分蘖的先决条件。播种期灌溉造墒是小麦第一个关键水。大量的试验和生产实践表明：小麦播种的足墒标准是0～20厘米的土层（耕层内），土壤相对含水量为田间持水量的75%～80%，低于70%即应灌水。可在玉米收获前10～15天或收获后浇足底墒水，灌水定额视土壤墒情而定，一般灌水定额每亩40～50立方米，过小则不能保证小麦发芽出苗，播前灌水定额过大，影响及时整地播种。

二、越冬期

浇好越冬水，能平抑地温、疏松表土，巩固分蘖、保证小麦安全越冬。根据墒情、苗情合理安排，0～20厘米土壤相对含水量不足60%的地块，要浇越冬水，具体时间掌握在11月下旬到12月上旬，日平均气温3℃左右，夜冻昼消时进行，一般每亩灌溉量30～40立方米，日平均气温下降到0℃时停止灌溉，避免冻害。晚播弱苗一般不浇越冬水。无论是否浇冻水，对田间土壤板结、存在裂缝的麦田，一定要进行中耕锄划，以弥补裂缝，保温保墒。

三、返青期

小麦越冬期田间耗水量小，日耗水量只有0.7立方米左右，所以小麦根际土壤水分消退慢，一般不会出现干旱，因此除严重干旱以外，一般不浇返青水，以免土壤湿度过大，抑制土温回升，不利于小麦返青。但是早春要进行中耕锄划和镇压，保温保墒，促苗早发。

四、拔节孕穗期

该生育期从3月下旬到4月底，为小麦一生耗水强度最大的阶段。多年降水资料统计，很多年份此期的降水量不能满足小麦需水要求，但拔节孕穗期是小麦水分临界期，受旱减产严重，一定要浇好拔节水，0～40厘米土层含水率降到田间持水量的70%以下时，应及时进行灌溉，可以提高小麦成穗率和粒数，灌水定额30～40立方米/亩。

五、抽穗开花到成熟期

小麦抽穗后2～3天即开花，抽穗开花期是小麦需水关键期，日耗水量达到最高峰，随后进入灌浆期，也是产量形成关键期，此期干旱对产量影响很大，浇好这一水至关重要。从抽穗到灌浆最适宜土壤相对含水量在75%～80%，低于70%就要浇水，一般每亩灌水为40立方米。

第四章　小麦营养需肥特性和科学施肥技术

第一节　小麦的营养特性

一、小麦营养元素的种类

小麦生长发育必需的化学元素有碳、氢、氧、氮、磷、钾、钙、镁、硫等大、中量元素和铁、锰、硼、锌、铜、钼、氯等微量元素。前3种来源于空气和水，是取之不尽的，后13种来源于土壤，需要量少，一般土壤能保证供给，小麦对氮、磷、钾三元素需要量大，土壤中往往供不应求，要靠施肥来补充。因此，这3种元素称为肥料三要素。有些元素虽然不是必需元素，但其对小麦生长有益，又称有益元素，如硅（Si）、硒（Se）等，这几种元素不是小麦生长必需的，但是能提高小麦品质和抗逆性。

二、小麦营养元素的生理功能

1. 大量营养元素的生理功能

（1）氮。氮是蛋白质、叶绿素、核酸、酶及维生素等重要物质的组成元素，被称为生命元素。施用氮肥会使小麦生理活性加强，促进新陈代谢过程的进行，促进生长。

（2）磷。磷是构成小麦细胞核的重要成分，对于小麦细胞分裂、有机物的合成、转化、运输和呼吸作用都有密切关系。能促进幼根生长，促进开花结实，提早成熟和增进果实的品质，能提高小麦的抗寒和抗旱性。

（3）钾。钾能促进小麦的输导组织、机械组织的形成以及对氮的吸收能力：加速有机养料的运输与积累，提高小麦品质。一般又称其为品质元素。

2. 中量元素的生理功能

（1）钙。促进细胞之间胞间层的形成并增加其稳定性，使细胞与细胞能联结起来形成组织并使植物的器官或个体有一定的机械强度；参与和维持生物膜的稳定性；中和植物体内有毒的有机酸，调节细胞的pH值；一些酶的活化剂；促进有机物的运输；调节细胞的功能等。

（2）镁。镁是植物体内叶绿素等重要有机物的组分，直接影响到光合作用；镁是磷酸已糖激酶、丙酮酸激酶、腺苷激酶、酰胺合成酶等酶的组分，从而影响到糖代谢、氮代谢等。小麦成熟时，它主要集中在种子里，镁是磷酸化作用有关的酶和脱氢酶的活化剂，在碳水化合物的代谢中占重要地位。

（3）硫。硫是一些含硫氨基酸的组分，几乎所有的蛋白质都有含硫氨基酸；硫是硫辛酸、硫胺素、乙酰辅酶A、铁氧还蛋白等生物活性物质的组分；硫参与了固态酶的形成，增加固态酶的活性，促进固氮；硫是氨基酸转移酶羧化酶、脂肪酶、苹果酸脱氢酶的组分，对植物的糖代谢、氮代谢、脂肪代谢等多种代谢产生影响。分布于冬小麦的所有组织和器官内。缺硫时导致叶片失绿。

3. 微量元素的生理功能

微量元素在作物体内的含量很少，目前研究和使用比较多的有铁、硼、锰、铜、锌、钼，对氯的研究和使用比较少，因为施入土壤中的有机肥料，比如人粪尿、家畜粪尿中含有氯，施入土壤中的化学肥料，比如氯化铵、氯化钾，灌溉水中也含有氯。因而，土壤中的氯能满足作物生长发育的需要。微量元素在作物体内移动性小，即再利用率低，缺素症大都表现在幼嫩的部位。这一点与氮、磷、钾正好相反，氮、磷、钾在作物体内移动性大，再利用率高，缺素症最先表现在衰老的部位。下面介绍微量元素的营养功能。

（1）硼。能促进生殖器官的发育，有利于受精作用和种子的形成，能促进豆科作物根瘤菌的固氮。能提高植物的抗病性。

（2）锌。促进生长素的合成，是植物体内许多酶的组分和活化剂，能促进光合作用。

（3）锰。直接参与光合作用，参与植物体内氧化还原作用，是酶的活化剂或组分。

（4）钼。促进生物固氮（固氮酶的组分），促进硝态氮同化（FAD的组分）。

（5）铁。参与光合作用，硝态氮还原，促进叶绿素的合成。促进呼吸作用（呼吸作用中一些酶的活化剂）。

（6）铜。酶的组分或活化剂，参与光合作用，促进氮代谢。

三、小麦营养元素缺乏和过量症状

小麦营养缺乏和过量时表现出各种各样的症状，为了能及时对症施肥，现把缺素和过量时的主要症状介绍如下。

1. 氮

小麦缺氮时植株生长受阻，植株矮小；叶绿素合成受阻，叶片从下部开始褪绿发黄，然后逐渐向上部叶片扩展。叶片薄而小，无分蘖或分蘖少，茎秆细长，根系发育不良，总根数减少。穗小，穗粒数少，籽粒不饱满，易出现早衰而减产。但如果氮肥施用过量，则会使小麦叶片肥大、相互遮阳、茎秆柔弱、贪青晚熟，易倒伏、抗病虫害和机械损失能力差。

缺氮主要发生在：①在砂质壤土、有机质贫乏的土壤及新开垦滩涂等熟化程度低的土壤；②土壤肥力不匀；③不施基肥；④大量使用高碳氮比的有机物料，如秸秆等。

氮过剩主要发生在：①前茬作物施氮过多，土壤中残留大量的可溶性氮；②追施氮肥过多、过晚；③偏施氮肥，磷、钾肥供应不足。

2. 磷

小麦苗期缺磷叶片暗绿，带紫红色，无光泽，植株细小，生长缓慢，分蘖弱而少，次生根极少，茎基部呈紫色。穗小粒少，籽粒不饱满，千粒重低，成熟期延迟。如果供磷过多，小麦叶片肥厚密集、叶色浓绿；植株矮小、节间缩短；无效分蘖和空瘪粒增加，根量多而短粗，地下部与地上部比例失调，导致小麦早熟。

缺磷主要发生在：①固磷能力强和贫瘠的土壤；②土壤有效磷水平低；③气温和土温低。

3. 钾

小麦缺钾植株叶片软弱、卷曲，下部叶片首先出现黄色斑点，从老叶尖端开始，然后沿着叶脉向内延伸，严重时老叶尖端和叶缘焦枯，似灼烧状，茎秆细弱，叶片与茎节长度不成比例，根系发育不良，易早衰，较易遭受冻害、干旱和病害，容易倒伏。小麦拔节期缺钾节间伸长受阻而萎缩，老叶叶尖及叶缘黄化，并伴有褐色斑点，抽穗推迟。开花期缺钾，剑叶叶尖发黄，麦穗不饱满，籽粒特别是穗尖发育差。

缺钾主要发生在：①土壤供钾不足；②大量偏施氮肥，而有机肥和钾肥用量较少；③前茬作物耗钾量大，土壤有效钾亏缺严重；④排水不良，土壤还原性强，根系活力降低，对钾的吸收受阻。

4. 镁

小麦缺镁植株生长缓慢，叶呈暗绿色，叶缘部分有时叶脉间部分发黄，有斑点出现，较幼嫩的叶片在叶脉间形成缺绿的条纹或整个叶片发白，老叶则常早枯。

发生条件：①土壤耕层浅、质地粗、淋溶强、供镁不足；②长期不用或少用钙镁磷肥等含镁肥料；③大量施用氮肥和钾肥，植株生长过旺，由于稀释效应和钾对镁的拮抗作用，导致植物体内缺镁。

5. 钙

小麦植株生长严重受阻，缺钙幼叶卷曲干枯，生长点枯死，根尖坏死，根系发育不良，呈黄褐色，结实少，秕粒多，根尖分泌球状的透明黏液。

发生条件：①质地轻、有机质贫乏、淋失严重的土壤；②土壤盐分含量过高，抑制作物对钙的吸收；③在干旱条件下，土壤水分亏缺，钙的迁移和吸收受阻。

6. 硫

小麦缺硫植株矮小，新叶失绿黄化，全株褪淡，成熟延迟，与缺氮症状极为相似，但缺硫新叶比老叶症状重且不易枯干。

发生条件：①土壤质地粗，有机质贫乏、淋溶强，供硫不足；②远离城市和工矿企业的地区，空气SO_2浓度低，其他硫营养的来源有限；③长期不施用或少用有机肥料、含硫肥料。

7. 锌

小麦缺锌叶尖停止生长，叶片失绿，节间缩短，植株矮化丛生，抽穗扬花晚，且不齐，叶片沿主脉两侧出现白绿条斑或条带。

发生条件：①石灰性或次生石灰性等pH值较高的土壤；②土壤长期渍水，还原性强，导致土壤锌有效性降低；③过量施用磷肥、氮肥、或大量施用未腐熟的有机肥料，从而影响小麦对锌的吸收或造成小麦体内养分不平衡而导致缺锌；④气温低、土壤有效锌含量低。

8. 铜

小麦对缺铜敏感，上位叶剑叶黄化、变薄、扭曲，顶端黄化病。老叶弯折，叶尖枯萎呈螺旋状或呈纸捻状卷曲枯死。叶鞘下部出现灰白斑，容易感染白瘟病。轻度缺铜，穗而不实称“直穗病”，黄熟期病株保绿不褪，田间景观黄绿斑驳。严重缺铜穗发生畸形、芒退化、麦穗大小不一。如果铜施用过多，则会出现小麦叶片前段扭曲、下位叶枯死，叶片黄化并有褐斑，根系生长受阻、褐变畸形、出现“鸡爪根”等铜中毒症状。

缺铜发生条件：①在有机质含量较高的泥炭土或高pH值的土壤上，土壤中铜有效性较低；②施用氮肥过多，造成小麦体内养分不平衡而导致缺铜；③对缺铜敏感性高的小麦品种。

9. 锰

小麦缺锰早期叶片出现灰白浸润斑，新叶脉间褪绿黄化，随后变褐坏死，形成与叶脉平行的长短不一的短线状褐色斑点，叶片变薄变阔，柔软萎垂，称褐线萎黄症。

缺锰发生条件：①通常发生在石灰性或次生石灰性土壤；②由于水旱轮作促进土壤中锰的还原淋溶，导致土壤有效锰耗竭；③过量施用石灰等强碱性肥料使土壤有效锰含量在短期内急剧降低。

10. 铁

小麦缺铁片脉间失绿呈条纹花叶，越近心叶越重。严重时心叶不出，植株生长不良矮缩、生育期延迟，乃至不能抽穗。

发生条件：①石灰性或次生石灰性等pH值较高的土壤；②土壤长期渍水，还原性强，导致土壤有效性降低；③过量施用磷肥，诱发小麦缺铁。

11. 硼

小麦缺硼营养紊乱或中断。雄蕊不良花丝不伸长，花药瘦小呈弯月形，不能开裂授粉或空秕穗，穗上生出次级小穗。下部叶位生出次级茎和根，后期叶有灰褐色霉斑。根系生长受阻，粗短而不平。如硼施用过量，小麦会出现出苗延迟，叶尖黄化、叶片褪绿呈黄绿色，并出现褐色斑点、老叶枯黄，分蘖减少，死苗严重等硼中毒症状。

发生条件：①耕层浅、质地粗、有机质贫乏的砂砾质土壤；②土壤干旱，增加硼的固定、降低硼的有效性；③过量施用石灰、氮肥而导致作物缺硼。

12. 氯

小麦缺氯会出现生理性叶斑病，严重时导致根和茎部病害，全株萎蔫。小麦缺氯在生产中极少，但氯中毒现象却时有发生。

发生氯中毒的条件：①长期大量施用氯化铵、氯化钾及含氯复混肥料；②用含氯较高的水进行灌溉；③使用耐氯能力差的小麦品种。

13. 钼

作物缺钼时，叶片脉间出现黄绿色斑点，叶缘萎蔫干枯，上卷成杯形。

发生条件：干旱引起钼的固定，土壤过湿、排水不良等造成土壤中钼的有效性降低。

第二节　小麦的需肥特性与施肥

小麦一生要经历出苗、分蘖、越冬、起身、拔节、孕穗、抽穗、开花、灌浆和成熟等生育时期，生育时期长，不同生育阶段对养分的吸收表现也不同。因而化肥施用的方式、方法、数量、比例等，都会直接影响到小麦施肥的效果。小麦的需肥规律就是指在小麦一生中，随各生育时期的阶段性变化而表现出的对养分吸收的相对数量及动态变化趋势，是指导小麦施肥，提高化肥使用效益的理论依据之一。以前的研究表明，每生产100千克小麦籽粒，约需3千克氮（N）、1.25千克磷（P_2O_5）和2.5千克钾（K_2O），但生产中随着小麦品种的改变和产量水平的提高，小麦对养分的吸收发生了很大变化。

一、大量元素吸收特点与施肥

小麦与其他作物相比，需肥量较多。一是小麦生育期较长，并且大半处于低温时期，土温低，有机质分解慢；二是幼苗期长，基肥易流失；三是在干旱条件下，磷、钾的养分形态不易被根系吸收，钾又不能通过灌水来供应。小麦品种不同，特别是矮秆高产品种和高秆地方品种，需肥量差异很大。

苗期是小麦器官建成为主的时期。此时氮素代谢旺盛，要求充分的氮素营养以充分满足营养器官生长的需要，同时要求较多的磷素，以利于早生蘖、早发根。另外，苗期也是吸收氮、磷比例较大的时期，生产上应注意供给足够的氮、磷肥，以利于培育壮苗。

拔节以后，营养生长和生殖生长并进，生长量大增，吸收量迅猛增加，但以钾的吸收最多。拔节后至开花期，是吸收三元素最多的时期。开花到成熟对磷的吸收量较多。据研究，小麦对肥料的日吸收量的峰值（吸收强度），氮素出现在孕穗期、磷出现在开花至成熟期，钾出现在孕穗期。根据不同时期的吸收肥料的特点，在生产上必须注意在孕穗前供足氮肥、钾肥，在开花期至成熟期保证磷肥的供应。磷肥在土壤中很少流失，故可在基肥中施足。一般小麦在冬前分蘖期吸收养分较多，越冬期吸收养分相对较少，返青后养分需要量增加，拔节到开花期是养分吸收的高峰期，该阶段氮、磷、钾分别约占到全生育期吸收总量的30%、65%、60%。开花后小麦还需要吸收20%～30%的氮和磷，但钾则吸收得很少。

二、微量元素吸收特点与施肥

小麦对微量元素吸收特点，从吸收强度和阶段吸收量来看，拔节至开花对锌、锰、钼的日吸收最大，占总吸收量的35%～50%。同时，铜的吸收强度和吸收量也比较大。返青至拔节是对铜吸收强度和吸收最大的时期，同时对锌、锰、钼的吸收强度和吸收量也较大。由此可见，小麦拔节期前后是微量元素营养的关键时期。此外，开花至成熟阶段，吸收量仍达总吸收量的23%～30%，所以后期补施微肥也是小麦丰产的保证。

第三节　小麦主要施肥技术

科学施肥是一项技术性很强的增产增效措施，施肥技术包括肥料种类、养分配比、施肥数量、施肥时期、施肥方式及施肥位置等内容，在施肥过程中一定要重视施肥技术的综合运用，以达到节肥、高产、优质、高效。为促进农业绿色发展，减少化肥不合理使用，提高肥料利用效率，切实保障农产品质量安全和生态环境安全，促进农民增收和农业可持续发展。根据小麦需肥特点，总的施肥原则是“两减、一控、一补、一增加”，即“尽量减少氮磷肥的用量，适当控制钾肥的用量、补充施用中微量元素肥料、增加有机肥的用量”同时，肥料施用要与高产高效绿色栽培技术相结合。

一、施肥数量

根据邯郸市近几年的测土配方施肥研究成果，不同产量水平施肥量推荐如下：

产量水平600千克/亩以上：亩施氮肥（N）15～17千克、磷肥（P_2O_5）7～9千克、钾肥（K_2O）4～6千克。

产量水平500～600千克/亩：亩施氮肥（N）13～

15千克、磷肥（P_2O_5）6～8千克、钾肥（K_2O）3～5千克。

产量水平400～500千克/亩：亩施氮肥（N）12～13千克，磷肥（P_2O_5）5～7千克，钾肥（K_2O）3～4千克。

产量水平300～400千克/亩：亩施氮肥（N）10～12千克/亩，磷肥（P_2O_5）3～5千克/亩，钾肥（K_2O）2～3千克/亩。

在缺锌地区亩基施硫酸锌1～2千克；在缺硼地区亩基施硼砂0.5～1千克。

若基肥施用了有机肥，可酌情减少化肥用量。

二、肥料运筹

亩产在500千克以下时，氮肥总量的40%～50%做基肥，50%～60%做追肥；亩产超过500千克时，氮肥总量的30%～40%做基肥，60%～70%做追肥；磷钾肥全部做基肥，微量元素肥料可做基肥也可叶面喷施。

三、施肥方法

1. 施足基肥

“麦喜胎里富，底肥是基础”。基肥不仅对小麦幼苗早发，培育冬前壮苗，增加有效分蘖是必要的，而且也能为培育壮秆、大穗、增加粒重打下良好的基础。在前茬作物玉米收获后，提倡使用腐熟剂玉米秸秆直接还田，亩用2～3千克秸秆腐熟剂；结合土地翻耕施用配方肥，每亩施用30～40千克，推荐配方为（N-P_2O_5-K_2O）：48%（18-18-12）、47%（15-20-12）、45%（15-20-10）、42%（16-18-8）或相近配方。微肥作基肥时，由于用量少，很难撒施均匀，可将其与细土掺和后撒施地表，随耕入土。有机肥则全部用作底肥，在翻地前一次施入。

2. 合理追肥

合理追肥是获得小麦高产的重要措施。追肥的时间和用量要根据气候特点、土壤肥力、品种特性和产量水平确定。一般亩产600千克以上麦田，拔节期亩追施尿素12～15千克，孕穗至扬花期亩追施尿素6～8千克；亩产500～600千克麦田，拔节期亩追施尿素11～13千克，孕穗至扬花期亩追施尿素5～7千克；亩产400～500千克麦田，拔节期亩追施尿素13～15千克。

3. 根外施肥

由于麦田后期不便追肥，且根系的吸收能力随着生育期的推进日趋降低。因此，为了保证小麦后期营养，提高小麦抗性和产量，也可以通过根外喷肥进行肥料追施。微量元素缺乏的地块，在拔节期至孕穗期叶面喷施微量元素肥料，浓度一般为0.05%～0.2%；在小麦抽穗期，可喷施2%～3%的尿素溶液，不仅可以增加小麦千粒重，而且还具有提高籽粒蛋白含量的作用；也可喷施0.3%～0.4%磷酸二氢钾溶液，对促进光合作用、加强籽粒形成有重要作用。一般每隔7～10天喷1次，连续喷施2～3次。

第五章　小麦病虫草害发生规律及防治技术

第一节　小麦病害

一、小麦赤霉病

小麦赤霉病又名烂麦头，近年在邯郸市各个县市区均有发生，已由偶发转成为常发病害。一般减产10%～20%，对小麦生产和人畜安全构成严重威胁。

1. 症状特征

赤霉病主要为害小麦穗部，通常一个麦穗的小穗先发病，然后迅速扩展到穗轴，进而使其上部其他小穗迅速失水枯死而不能结实。一般扬花期侵染，灌浆期显症，成熟期成灾。赤霉病侵染初期在颖壳上呈现边缘不清的水渍状褐色斑，渐蔓延至整个小穗，病小穗随即枯黄。发病后期条件适宜在小穗基部出现粉红色胶质霉层。

2. 发生规律

赤霉病在小麦幼苗至抽穗期都能侵染为害，尤其是扬花期侵染为害最重。赤霉病发生的轻重与品种抗病性、菌源量及天气关系密切，品种穗形细长、小穗排列稀疏、抽穗扬花整齐集中、花期短的品种较抗病，反之则易感病；凡是上年发病重的麦区都为下年小麦赤霉病的发生留下了充足菌源；小麦抽穗至灌浆期（尤其是小麦扬花期）内雨日多少是病害发生轻重的最重要因素。凡是抽穗扬花期遇3天以上连续阴雨天气，病害就可能严重发生。

3. 防治措施

小麦齐穗期至扬花初期（一般扬花5%左右）是预防控制小麦赤霉病发生为害的关键期。每亩用25%氰烯菌酯100～200毫升或30%戊唑醇悬乳剂20～35毫升或45%咪鲜胺水乳剂30～50毫升或30%已唑醇悬乳剂8～12毫升或50%多菌灵悬乳剂100～150克等，每亩喷施药液量在50～60千克。注意事项：一是掌握好防治适期，喷药时间宁早勿晚，小麦齐穗至扬花初期第一次喷药，遇阴雨、浓露、大雾等高湿天气，间隔5～7天进行第二次用药；二是喷药部位，着重对准小麦穗部。

二、小麦白粉病

小麦白粉病是常发性病害，邯郸地区各县市区均有发生，可侵害小麦植株地上部各器官，但以叶片和叶鞘为主，发病重时颖壳和芒也可受害，可致叶片早枯，分蘖数减少，成穗率降低，千粒重下降。近年来，随着麦田肥水条件的改善及高产田群体密度加大，小麦白粉病发病逐年加重，严重田块可减产20%～30%。

1. 症状特征

小麦白粉病在小麦各生育期均可发生，典型病状为病部表面覆有一层白色粉状霉层。主要为害叶片，严重时也为害叶鞘、茎秆和穗部。发病时，叶面出现直径1～2毫米的白色霉点，后逐渐扩大为近圆形至椭圆形白色霉斑，霉斑表面有一层白粉，遇有外力或振动立即飞散。

2. 发生规律

对于小麦来说，温度在15～20℃，阴雨连绵的时候比较容易发病，病菌以分生孢子在自生麦苗上越夏或以潜育状态度过夏季。病菌以菌丝体或分生孢子在秋苗基部或叶片组织中或上面越冬。早春气温回升，小麦返青后，潜伏越冬的病菌恢复活动，产生分生孢子，借气流传播扩大为害。

3. 防治措施

（1）农业措施。小麦白粉病发生轻重与生态条件和品种的抗病性有很大关系，采用正确的农艺措施可减轻发病。一是选用抗病品种；二是合理施肥，注意氮、磷、钾肥的配合使用；三是合理密植，注意排水，降低田间湿度；四是清除带有病菌的残株。

（2）药剂防治。种子处理，用种子重量的0.03%（有效成分）6%立克秀（戊唑醇）悬浮剂种衣剂拌种，或2.5%适乐时20毫升+3%敌委丹100毫升对适量水拌种10千克。叶面喷雾，通常于孕穗期至扬花期病株率达15%～20%时或病叶率5%～10%进行药剂防治。一般每亩用20%三唑酮乳剂40～50毫升、12.5%烯唑醇可湿性粉剂32～48克、25%丙环唑乳油40毫升或40%腈菌唑可湿性粉剂10～15克，对水2.5～10千克水稀释后用弥雾机喷雾，或加水60千克进行常量喷雾，病情较重时可间隔7天左右再喷药1次。

三、小麦纹枯病

小麦纹枯病又称尖眼斑病，致病菌主要是禾谷丝核菌和立枯丝核菌小属，为土传性病害。近年来邯郸市从与山东、河南接壤区扩散至全市。感病麦株因输导组织受损而导致穗粒数减少、千粒重降低，甚至引起后期倒伏减产。

1. 症状特征

小麦受害后在不同生育阶段所表现的症状不同。主要发生在叶鞘和茎秆上。幼苗发病初期，在地表或近地表的叶鞘上先产生淡黄色小斑点，随后呈典型的黄褐色梭形或目眼点状病斑，后期病株基部茎节腐烂，病苗枯死。小麦拔节后在基部叶鞘上形成中间灰色、边缘棕褐色的云纹状病斑，病斑融合后，茎基部呈云纹花秆状，并继续沿叶鞘向上部扩展至旗叶。后期病斑侵入茎壁后，形成中间灰褐色、四周褐色的近圆形或椭圆形眼斑，造成茎壁失水坏死，最后病株枯死，形成枯株白穗。

2. 发生规律

病菌以菌核或菌丝体在土壤中或附着在病残体上越夏或越冬，成为初侵染主要菌源。病害的发生大致可分为冬前发生期、早春返青上升期、拔节后盛发期和抽穗后稳定期四个阶段。冬前病害零星发生，播种早的田块会有一个明显的侵染高峰；早春小麦返青后随气温升高，病情发展加快；小麦拔节后至孕穗期，病株率和严重度急剧增长，形成发病高峰；小麦抽穗后病害发展趋于缓慢，但病菌由病株表层向茎秆扩散，造成田间枯白穗。病害的发展受日均温度影响大，日均温度20～25℃时病情发展迅速，病株率和严重度急剧上升；气温高于30℃，病害基本停止发展。

3. 防治措施

（1）农业措施。一是选用抗病和耐病品种；二是合理施肥。配方施肥，增施经高温腐熟的有机肥，不偏施、过施氮肥，控制小麦过分旺长；三是适期晚播，合理密植。播种越早，土壤温度越高，发病越重。控制播种量，培植丰产防病的小麦群体结构，防止田间郁蔽，避免倒伏，可明显减轻病害；四是合理浇水。可依据实际情况，免浇返青水，晚浇春一水，以避免植株间长期湿度过大。及时清除田间杂草，保持田间低湿。

（2）化学防治。种子处理。用2%立克秀（戊唑醇）干拌种剂按种子重量0.1%的药量或用3%敌萎丹（苯醚甲环唑）悬浮种衣剂按种子重量的0.3%的药量进行拌种，防病效果较好。

适期防治。在春季小麦拔节期，当平均病株率达10%～15%时开始防治。每亩用20%井冈霉素可湿性粉剂30克，或80%多菌灵可湿性粉剂50克，或70%甲基托布津可湿性粉剂100克，对水30千克喷雾。喷雾时要注意使植株中下部充分着药，以确保防治效果。

四、小麦全蚀病

小麦全蚀病又名黑脚病，小麦感病后，分蘖减少，成穗率低，千粒重下降。发病愈早减产幅度越大。拔节前显病的植株，往往早期枯死；拔节期显病植株，减产可达50%以上；灌浆期显病的植株减产20%以上。全蚀病扩展蔓延较快，麦田从零星发生到成片死亡，一般仅需3年左右，应引起重点关注。

1. 症状特征

小麦全蚀病是一种典型根部病害。病菌侵染的部位只限于小麦根部和茎基部15厘米以下，地上部的症状是根及茎基部受害所引起。受土壤菌量和根部受害程度的影响，田间症状显现期不一。轻病地在小麦灌浆期病株始显零星成簇早枯白穗，远看与绿色健株形成明显对照；重病地块在拔节后期即出现若干矮化发病中心，麦田生长高低不平，其中心病株矮、黄、稀，极易识别。分蘖时地上部无明显症状，仅重病植株表现稍矮，基部黄叶多。冲洗麦根可见种子根与地下茎变灰黑色。拔节时病株返青迟缓，黄叶多，拔节后期重病株矮化、稀疏，叶片自下而上变黄，症状类似干旱、缺肥的表现。拔出观察植株种子根、次生根大部变黑色。在茎基部表面和叶鞘内侧，生有较明显的灰黑色菌丝层。到小麦抽穗灌浆时病株成簇或点片出现早枯白穗，茎基部表面布满条点状黑斑形成“黑脚”状，后颜色加深呈黑膏药状。

2. 发生规律

全蚀病菌以菌丝体在田间小麦残茬、夏玉米等夏季寄主的根部或混杂在麦糠、种子间的病残组织上越夏。小麦播种后，菌丝体从麦苗种子根侵入。在菌量较大的土壤中，小麦播种后2个月左右，麦苗种子根即受害变黑。病菌以菌丝体在小麦的根部及土壤中病残组织内越冬。小麦返青后，随着地温升高，菌丝增殖加快，沿根扩展，向上侵害分蘖节和茎基部。拔节后期至抽穗期，菌丝蔓延侵害茎基部1～2节，致使病株陆续死亡，田间出现早枯白穗。小麦灌浆期，病势发展最快。

小麦全蚀病的发生与耕作制度、土壤肥力、耕作条件等密切相关。连作病重，轮作病轻；小麦与夏玉米一年两作多年连种，病害发生重；土壤肥力低，氮、磷、钾比例失调，尤其是缺磷地块，病情加重；小麦早播发病重，晚播病轻；另外，感病品种的大面积种植，也是加重病害发生的原因之一。

3. 防治措施

（1）农业防治。选用抗病耐病品种，控制和避免从病区大量引种，病区不要自留种。病区麦糠不沤粪，严防病菌扩散。

（2）化学防治。土壤处理。播种前可选用80%多菌灵可湿性粉剂按每亩1.5～2千克加细土20～30千克搅拌均匀后撒施进行土壤处理。

药剂拌种。用2%立克秀（戊唑醇）干拌种剂按种子重量0.2%的药量或用12.5%硅噻菌胺（全蚀净）悬浮剂20～30毫升加水0.5～0.75千克拌麦种10～15千克晾干后播种，重发田块可适当加大用药量。

五、茎基腐病

近年来，随着耕作制度的改变，秸秆大量还田和长期旋耕等原因，土壤中菌源不断积累，由多种镰刀菌引起的小麦茎基腐病发生逐年加重，导致小麦矮化不长、过早成片死亡或后期枯株白穗，严重减产甚至绝收（图5-1）。

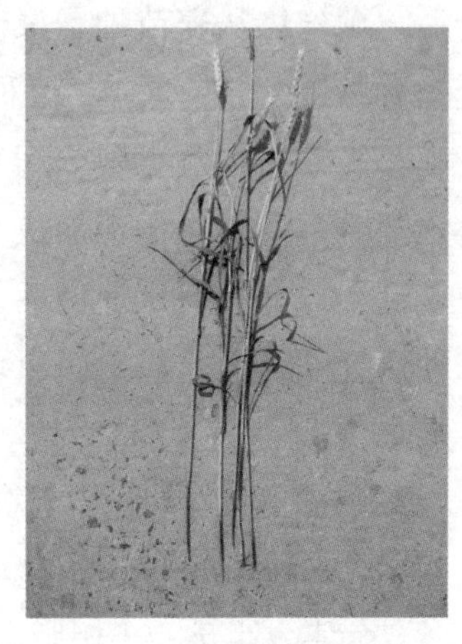
图5-1　小麦茎基腐病

1. 症状特征

小麦苗期受到镰刀菌侵染后，幼苗茎基部1～2节叶鞘和茎秆变褐，严重时引起麦苗发黄死亡，拔节抽穗期感病植株茎基部变为褐色，田间湿度大时茎节处可见红色霉层，成熟期严重病株产生枯死白穗，籽粒秕瘦甚至无籽，对产量造成影响，一般减产20%～30%，严重的可达50%以上。

2. 发生规律

病菌主要以菌丝体存活于土壤中及病残体上，病菌一般从根部和茎部侵入，在免耕田块，病菌存在于地表，其侵染点主要在茎基部或根茎部。由于小麦茎基腐病与小麦纹枯病和根腐病的早期症状相似，导致其为害未能引起大家足够重视。

该病在小麦分蘖到小麦黄熟均可发病，一般主要有两个发病高峰，2月至3月上旬为第一个发病高峰，3月中旬发病平稳，4月上旬又开始上升，4月中旬至5月中旬开始出现第二次发病高峰。土壤环境和气候条件等对小麦茎基腐病有重要影响，主要包括土壤类型、土壤湿度、降雨等，降雨量大年份和田间湿度大、土壤黏重地块，茎基腐病发生严重。

3. 防治措施

一般采用农业措施与药剂拌种、浇水冲施和淋灌杀菌等多种方法相结合，来降低小麦茎基腐病发病率，减少对产量的影响；播种前选用苯醚甲环唑、戊唑醇或嘧菌酯等药剂拌种，可以降低苗期发病；在小麦返青至拔节孕穗期选用内吸治疗型杀菌剂戊唑·咪鲜胺、戊唑醇、苯醚甲环唑、咯菌清、嘧菌酯等，采用大剂量根部淋灌有一定防治效果；对于发病严重地块，采取与非禾本科作物进行2~3年的轮作倒茬。

六、小麦锈病

小麦锈病，又称黄疸病，分为条锈病、叶锈病和秆锈病，邯郸麦区主要发生条锈病和叶锈病，属于常发性病害，20世纪50—70年代经常发生流行，小麦叶锈病年年都有发生，以条锈病为害损失最为严重。小麦条锈病，是一种典型的高空气流传播、大区流行性病害，可通过高空气流远距离传播，随降雨或结露侵染小麦引发病害。发病严重时，孢子堆形成的锈斑布满整个叶片，造成严重减产，甚至绝收。

1. 症状特征

小麦发生锈病后，体内养分被吸收，叶绿素被破坏，大量孢子堆突破麦叶、麦秆表皮，影响小麦产量和品质。条锈成行、叶锈乱、秆锈是个大红斑。秆锈病的孢子零散生于小麦茎秆和叶片上，呈橘红色，孢子堆较大。叶锈病的孢子堆分散或密集在小麦叶片上，呈红褐色，比秆锈病颜色淡，孢子堆也较小。条锈病的孢子堆在小麦穗部和叶片上沿叶脉排列成显著的条斑，为黄色至枯黄色，孢子堆比叶锈小。

2. 发生规律

小麦叶锈病对温度的适应范围较大，夏季可在自生麦苗上繁殖，成为当地秋苗发病的菌源，冬季在小麦停止生长但在最冷月气温不低于0℃的地方，以休眠菌丝体潜存于麦叶组织内越冬，春季温度合适再扩大繁殖为害。秆锈病同叶锈基本一样，但越冬要求温度比叶锈高，一般在最冷月日均温在10℃左右的我国南部地区越冬。条锈病在黄河、秦岭以南不需要越冬，可以一直侵染和繁殖危害，在黄河、秦岭以北，病菌在最冷月日均温度不低于-6℃或者有积雪不低于-10℃的地方以潜育菌丝状态在未冻死的麦叶组织内越冬，待第二年春季温度适合生长时再繁殖扩大为害。条锈病初发时间一般为4月底5月初，5月中旬进入盛期。因此，5月份降水量、气流方向等天气条件对条锈病发生流行影响很大，还与当小麦抗病品种较少有关系。

3. 防治措施

（1）监测调查。4月下旬至5月上旬是小麦条锈病发生防治关键时期。要加强条锈病监测与防治，推行“准确监测，带药侦查，发现一点，防治一片”的策略，要早发现，早防治，决不能造成蔓延为害，充分利用宣传车、喇叭广播、微信群等方式，组织动员群众发现染病，立即进行防治。

（2）防治用药。可用430克/升戊唑醇悬浮剂1 500倍液或20%三唑酮乳油1 000倍液常量喷雾防治，或者用12.5%烯唑醇乳油1 500倍液或25%丙环唑乳油1 000倍液进行常量喷雾；也可亩选用12.5%特谱唑可湿性粉剂20～35克，对水60千克常量喷雾防治，强调喷匀打透。同时兼治白粉病、叶锈和叶枯病等。

第二节　小麦虫害

一、麦蚜

麦蚜又名腻虫，为害邯郸市小麦的主要是麦长管蚜和麦二叉蚜。麦蚜在小麦苗期，多集中在麦叶背面、叶鞘及心叶处；小麦拔节、抽穗后，多集中在茎、叶和穗部刺吸为害，并排泄蜜露，影响植株的呼吸和光合作用。被害处呈浅黄色斑点，严重时叶片发黄，甚至整株枯死。穗期为害，造成小麦灌浆不足，籽粒干瘪，千粒重下降，可引起严重减产。同时，麦蚜还是传播植物病毒的重要昆虫媒介，可以传播小麦黄矮病。

1. 形态特征

麦蚜有卵、若蚜和成蚜三个虫期，成蚜分有翅型和无翅型，在生长季节里都是雌蚜，在邯郸地区常以无翅型孤雌胎生若蚜生活。在营养不足、环境恶化或虫群密度大时，则产生有翅型迁飞扩散，但仍进行孤雌生殖。

2. 发生规律

麦蚜在邯郸市一年发生10～20余代。秋季小麦出土后，有翅蚜从夏寄主上迁入麦田为害，并繁殖无翅蚜。当年11月下旬以无翅胎生雌蚜在麦株基部叶丛或土缝内越冬。第二年，随春季气温回升，开始爬至麦株的下部叶片及心叶上为害。小麦返青至乳熟初期，麦长管蚜种群数量最大，随植株生长向上部叶片扩散为害，最喜在嫩穗上吸食，不论抽穗早晚，蚜高峰都会出现在灌浆乳熟期，故也称“穗蚜”。二叉蚜分布在下部叶片背面为害叶片，从苗期至灌浆期都有发生，是小麦黄矮病毒的主要传播媒介。麦长管蚜及二叉蚜最适气温为16～25℃，麦长管蚜在相对湿度50%～80%最适发生发育，麦二叉蚜则喜干旱。麦蚜的天敌有瓢虫、食蚜蝇、草蛉及寄生性的蚜茧蜂等10余种，天敌数量大时，能控制后期麦蚜种群数量增长。

3. 防治措施

（1）农业防治。清除田间杂草和自生麦苗，可减少麦蚜的适生地和越夏寄主。注意保护利用自然天敌，改进施药技术，选用对天敌安全的选择性药剂，减少用药次数和数量，保护天敌免受伤害。

（2）化学防治。在小麦拔节后，每3～5天到麦田随机调查蚜量和天敌数量，当百株蚜量超过500头，天敌与蚜虫比在1：150以上时，即需及时进行防治。可亩用10%吡虫啉可湿性粉剂20～30克混配40～50毫升2.5%高效氯氟氰菊酯乳油对水30千克喷雾防治，或亩用40%辛硫磷乳油80～100毫升混配4.5%高效氯氰菊酯乳油40～50毫升对水30千克喷雾，也可选用植物源杀虫剂如0.2%苦参碱水剂每亩150克对水30千克喷雾防治。在穗期防治是重点，应考虑兼治小麦赤霉病、白粉病、锈病等，可加入杀菌剂和叶面肥进行“一喷三防”。

二、小麦吸浆虫

小麦吸浆虫，又名麦蛆，属昆虫纲双翅目瘿蚊科，有麦红吸浆虫、麦黄吸浆虫两种，为害邯郸市小麦的为麦红吸浆虫。吸浆虫对小麦产量具有毁灭性，一般可造成10%～30%的减产，严重的达70%以上甚至绝产。近年来，随着小麦产量、品质的提高，水肥条件的改善和农机免耕作业、跨区作业的发展，吸浆虫发生范围不断扩大，发生程度明显加重，对邯郸市小麦生产已构成严重威胁，成为影响全市小麦生产安全的主要害虫之一（图5-2）。

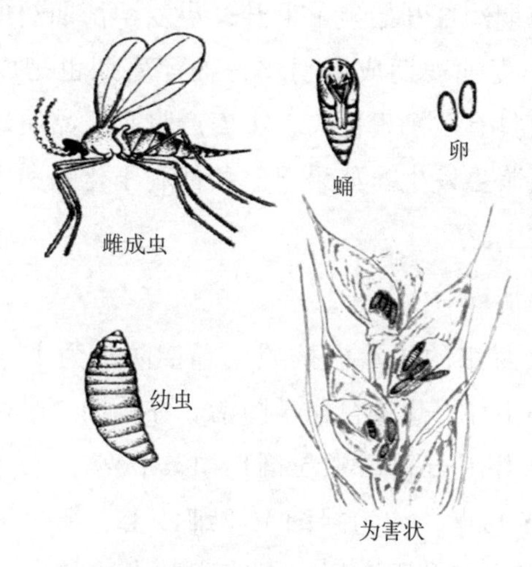

图5-2　小麦吸浆虫形态特征

1. 形态特征

麦红吸浆虫橘红色，雌虫体长2～2.5毫米，雄虫体长约2毫米。卵呈长卵形，末端无附着物，幼虫橘黄色，体表有鳞片状突起。蛹橙红色。

2. 发生规律

小麦吸浆虫在邯郸市一年发生1代，如果遇到不适宜的环境条件则发生很轻或不出土为害。吸浆虫可在土壤内滞留7年以上，甚至可滞留12年仍可羽化成虫。吸浆虫以老熟幼虫在土中结茧越夏、越冬。一般3月上、中旬越冬幼虫破茧向地表上升，4月中、下旬在地表大量化蛹，4月下旬至5月上旬成虫羽化在麦穗中产卵，通常3天后孵化，幼虫从颖壳缝隙钻入麦粒内吸食浆液。吸浆虫化蛹和羽化的迟早虽然因各地气候条件而异，但与小麦生长发育阶段基本相吻合。一般小麦拔节期幼虫开始破茧上升，小麦孕穗期幼虫上升至地表化蛹，小麦抽穗期成虫羽化，抽穗盛期也是成虫羽化盛期。吸浆虫具有“富贵性”，小麦产量高、品质好，土壤肥沃，利于吸浆虫发生。如果温湿条件利于化蛹和羽化，往往导致加重发生。

3. 防治措施

小麦吸浆虫的防治应按照“蛹期防治为主，成虫期扫残为辅”的指导思想进行化学防治。在蛹期（小麦孕穗期）每亩用2.5%甲基异柳磷颗粒剂1～1.5千克，或5%毒死蜱颗粒剂600～900克，均匀拌细土（细沙土、细炉灰渣均可）25～30千克均匀撒于麦田。撒在麦叶上的毒土要及时用树枝、扫帚等辅助扫落在地表上。撒毒土后浇水效果更好。在成虫期（小麦70%～80%抽穗），每10网复次幼虫20头左右，或用手扒开麦垄一眼可见2～3头成虫，即可防治。可选用40%辛硫磷乳油、4.5%高效氯氰菊酯乳油每亩40～50毫升对水30千克进行喷雾防治。

三、麦蜘蛛

麦蜘蛛，又名红蜘蛛、火龙，主要有麦长腿蜘蛛和麦圆蜘蛛。邯郸市发生的红蜘蛛以麦长腿蜘蛛为主。成、若虫都可为害，被害麦叶出现黄白小点，植株矮小，发育不良，最终影响产量。

1. 形态特征

麦长腿蜘蛛成虫雌虫体呈葫芦状，黑褐色。背刚毛短，共13对，纺锤形，足4对，红或橙黄色，均细长，第一对足特别发达。幼虫和若虫幼虫体圆形，初孵时为鲜红色，取食后变为黑褐色。若虫期足4对，体较长。

2. 发生规律

麦长腿蜘蛛一年发生3~4代，以成、若虫和卵越冬，翌年3月越冬成虫开始活动，卵也陆续孵化，4—5月进入繁殖及为害盛期。5月中、下旬成虫大量产卵越夏。10月上、中旬越夏卵陆续孵化为害麦苗，完成1个世代需24~26天。繁殖以孤雌生殖为主。麦长腿蜘蛛喜干旱，生存适温为15~20℃，最适相对湿度在50%以下。白天活动为害，以下午3~4点最盛，遇雨或露水大时，即潜伏于麦丛及土缝中。

3. 防治措施

在小麦返青后，选当地发生较重的麦田进行调查，随机取5点，每点查33厘米小麦行长，下放白塑料布或水盆，轻拍麦株，记载落下的虫数，当平均每33厘米行长有虫200头以上、上部叶片20%面积有白色斑点时，即达防治指标，应进行药剂防治。可选用1.8%阿维菌素乳油2 000~3 000倍、

20%哒螨灵可湿性粉剂1 000～1 500倍稀释后，每亩用药液30千克进行喷雾防治。

四、麦叶蜂

麦叶蜂，又名齐头虫、青布袋虫，属膜翅目锯蜂科，分小麦叶蜂、大麦叶蜂两种。麦叶蜂在邯郸市麦区每年均有发生，以幼虫为害麦叶，从叶边缘向内咬成缺刻，重者可将叶尖全部吃光。

1. 形态特征

（1）小麦叶蜂。成虫体长8～9.8毫米，雄体略小，黑色微带蓝光。翅透明膜质。卵为肾形扁平，淡黄色，表面光滑。幼虫共5龄，老熟幼虫圆筒形，胸部粗，腹部较细，胸腹各节均有横皱纹。蛹长9.8毫米，雄蛹略小，淡黄到棕黑色。腹部细小，末端分叉。

（2）大麦叶蜂。各虫态基本与小麦叶蜂相似，差别是成虫中胸黑色，盾板两侧赤褐色。

2. 发生规律

麦叶蜂在北方麦区一年发生1代，以蛹在土中20厘米深处越冬，翌年3月气温回升后开始羽化，成虫用锯状产卵器将卵产在叶片主脉旁边的组织中，卵期10天。幼虫有假死性，1～2龄期为害叶片，3龄后怕光，白天潜伏在麦丛中，傍晚后为害，4龄幼虫食量增大，虫口密度大时，可将麦叶吃光，一般4月中旬进入为害盛期。5月上、中旬老熟幼虫入土作茧休眠至9—10月化蛹越冬。麦叶蜂在冬季气温偏高，土壤水分充足，在春季气候温度高、土壤湿度大的条件下适其发生，为害重。沙质土壤麦田比黏性土受害重。

3. 防治措施

（1）农业防治。播种前可进行深耕，可把土中休眠的幼虫翻出，使其不能正常化蛹以致死亡，降低越冬虫口基数。

（2）药剂防治。掌握防治指标进行防治才能取得较好的经济效益，麦叶蜂防治指标是每平方米达到30头，防治用药可选用高效氯氟氰菊酯乳油或毒死蜱乳油，每亩40～50克，对水40～50千克喷雾防治。

五、地下害虫

地下害虫是为害小麦地下和近地面部分的土栖害虫，主要包括3大类即蛴螬、金针虫和蝼蛄，它们分属鞘翅目金龟甲科、鞘翅目叩头甲科和直翅目蝼蛄科。

1. 形态特征

为害小麦的主要有华北大黑鳃金龟甲、铜绿丽金龟、沟金针虫、细胸金针虫、华北蝼蛄等，这些害虫主要在小麦苗期为害。咬食地下根茎，造成缺苗断垄。

2. 发生规律

地下害虫长期在土壤中栖息为害，是较难防治的一类害虫，在防治中采取以播种期防治为主，兼顾作物生长期防治的办法。小麦地下害虫的防治指标为：蛴螬3头/平方米、蝼蛄0.3～0.5头/平方米、金针虫3～5头/平方米，春季麦苗被害率3%。一旦达到防治指标，则必须进行化学防治。

3. 防治措施

（1）农业防治。地下害虫在杂草丛生、耕作粗放的地区发生重，可采取精耕细作、轮作倒茬、深耕深翻土地、中耕除草、合理灌水以及将有机肥充分腐熟发酵等农业技术措施，压低虫口密度，减轻为害。

（2）物理防治。主要是利用蝼蛄、金龟甲的趋光性，用黑光灯和频振式杀虫灯诱杀，减少田间虫口密度。

（3）化学防治。

种子处理：可用70%吡虫啉悬浮种衣剂按种子重量的0.3%或用48%毒死蜱悬浮种衣剂按种子重量的0.16%包衣麦种，对上述三种小麦地下害虫具有良好的防治和驱避效果。

土壤处理：在播种前，每亩用48%毒死蜱乳油250～300毫升对水30千克，将药剂均匀喷洒在地面，然后耕翻或用圆盘耙把药剂与土壤混匀。在小麦返青期每亩用48%毒死蜱乳油500毫升，结合灌水施入土中防治。

第三节　麦田杂草

邯郸市麦田杂草常见的有阔叶杂草和禾本科杂草两大类20余种，以一年生杂草居多，也有二年生和多年生杂草。禾本科杂草以节节麦、雀麦、野燕麦等为主，阔叶杂草以播娘蒿、荠菜、藜、田旋花、猪殃殃等为主。

一、杂草种类及分布

1. 节节麦

属禾本科，又名山羊草，跨年生麦田恶性杂草，是当前邯郸市为害较重的主要禾本科杂草，全市各县（市、区）均有不同程度发生（图5-3，图5-4）。

图5-3 节节麦的幼苗和穗子

图5-4 节节麦的小穗和种子

2. 雀麦

属禾本科，分布于麦田、路边、荒地等，麦田以近地边较多，近年来在邯郸市麦田发生危害加重（图5-5，图5-6）。

图5-5　雀麦

图5-6　雀麦的小穗与种子

3. 野燕麦

属禾本科，别名燕麦草、摇铃麦等。野燕麦繁殖力强，分蘖多，结籽多，成熟时易脱落，为麦田恶性杂草，部分区域受害严重（图5-7）。

图5-7 野燕麦

4. 看麦娘

属禾本科，别名麦娘娘、麦陀陀、棒槌草等。稻茬麦和高水肥地发生较为严重，繁殖力极强。

5. 播娘蒿

属十字花科，又名米蒿、麦蒿、黄花草等。广布于全市各地。适生于较湿润的农田，常形成单一群落或与荠菜、小藜等一起形成群落，是小麦田主要阔叶杂草之一。

6. 荠菜

属十字花科，又名荠荠菜、辣菜、野荠菜等。广泛分布于全市小麦区，喜生于潮湿而肥沃的农田，也耐干旱，常连片生长形成单一群落或与播娘蒿一起形成群落。

7. 猪殃殃

属茜草科，又名拉拉秧、粘粘蔓、蛇壳草等。分布为害全市小麦区，攀缘小麦植株，和小麦争光、争水、争肥，并可能引起小麦倒伏，造成减产并影响收割。

8. 麦家公

属紫草科，又名田紫草、大紫革，毛妮菜等。分布在全市小麦产区。为麦田主要杂草之一，喜湿润，高水肥地块居多，常与荠菜、播娘蒿等一起组成群落为害。

9. 打碗花

属旋花科，又名喇叭花、小旋花、扶子苗等。分布于全市小麦产区。适生于高水肥地块，也耐干旱和瘠薄，由于地下茎蔓延迅速，常常群生成单优势群落，对农田危害较重，在有些地区成为恶性杂草。在小麦田不仅直接影响小麦生长，而且导致小麦倒伏。

二、发生规律

小麦田杂草在田间萌芽出土的高峰期一般以冬前为多，出苗高峰期在小麦播种后15～20天，即10月下旬至11月中旬，此期间出苗的杂草约占杂草总数的95%，部分杂草在次年的3月份还有一次小的出苗高峰。

三、防治措施

麦田杂草防治技术包括生态调控技术、人工除草技术及化学除草技术，当前邯郸市小麦除草以化学除草为主。

1. 防治适期

小麦幼苗期（11月上中旬）是最佳时期，小麦返青期（2月下旬至3月中旬）是补充时期。其中以小麦幼苗期施药效果最好，此时杂草已经基本出土，杂草组织幼嫩，抗药性弱，气温较高（日平均温度在10℃以上），药剂能充分发挥药效，麦苗覆盖度小，喷洒的药液与杂草接触面积大，有利于杂草吸收更多的药剂，可以保证除草效果，因此提倡小麦杂草秋治为主，春季施药作为补充。

2. 科学选用除草剂

防治禾本科杂草的药剂主要有甲基二磺隆（世玛）、氟唑磺隆（彪虎）、精噁唑禾草灵（骠马）、炔草酯等，防治阔叶杂草的药剂主要有苯磺隆、双氟磺草胺、氯氟吡氧乙酸、唑草酮、2-4D异辛酯、2-甲-4氯钠盐等。防治节节麦，在非硬质小麦田，每亩使用3%甲基二磺隆（世玛）油悬浮剂20～30毫升、3.6%甲基碘磺隆钠盐·甲基二磺隆水分散剂15～25克对水30千克于冬前杂草基本出齐后2～4叶期均匀喷雾；防治雀麦可用70%氟唑磺隆（彪虎）可湿性粉剂3.0～3.5克/亩对水30千克，于冬前或者早春喷雾防治；防治野燕麦、看麦娘可用15%炔草酯可湿性粉剂每亩20～30克或6.9%精噁唑禾草灵（骠马）乳油50毫升对水30千克，于冬前或者早春喷雾防治（表5-1）。

禾本科与阔叶杂草同时发生区，以上药剂合理混配喷雾防治。药剂使用按说明书进行配比。

3. 注意事项

小麦田杂草防除的关键在于把杂草消灭在幼苗期，因而麦田化学除草的最佳时段较短，所以尽量选择能兼除多种杂草的除草剂品种或不同除草剂正确混配使用，做到1次施药，兼治多种杂草，从而降低除草剂总用量，减缓杂草抗药性和减少用药成本，保护环境安全。防除禾本科杂草的除草剂和防治阔叶杂草的除草剂混用时，用药量应严格按照各自单用时的规定剂量，不能随意增加或减少。

表5-1 麦田主要禾本科杂草苗期对比

杂草器官	节节麦	雀麦	野燕麦	小麦
根茎	发红淡紫色	发红褐色	白色	白色
叶片	疏生柔毛	有白色绒毛，叶细窄，叶色淡	具柔毛，叶略宽、叶片逆时针生长	无毛、叶片顺时针生长
叶缘		有绒毛		
叶鞘		有绒毛	有毛	
种子根	桶状			

第四节 麦田农药减量增效措施

一、指导思想与目标

树立“科学植保、公共植保、绿色植保”工作理念，积极推广使用高效低毒低残留农药，发挥自走式喷杆喷雾机、植保无人机等新型植保机械优势，到2020年力争实现小麦绿色防控技术覆盖率达30%，专业化统防统治覆盖率达80%，农药利用率达40%以上，每年农药使用量减少2%以上。

二、主要工作措施

1. 通过精准预警精准用药，实现减量节药

提高监测预警的时效性和准确性，扩大预报信息的覆盖面，指导农民掌握最佳病虫害防治时期，减少盲目用药。淘汰高毒高残留农药，集成生物、农业、物理、化学综合防治措施，添加有机硅等农药减量助剂，指导农民高效用药，减少农药用量。

2. 通过规模主体大宗作物，实现减量节药

指导新型农业经营主体，在园区、示范区内实行农药统购统配专业化防治，实现规模主体节药。推广小麦“一喷三防”防控技术，减少用药次数，实现大宗作物节药。引导社会化服务组织购置高效植保药械，拓展统防统治服务范围和领域，实现统防统治节药。

3. 通过应用先进植保药械，实现减量节药

以小麦等主要农作物为重点，推广作业性能好和作业效率高的旱地自走式喷雾机、高地隙喷杆喷雾机、植保无人机等新型植保机械，淘汰技术落后的喷雾器（图5-8，图5-9）。发挥农机补贴政策的引导作用，发展大型植保机械。

图5-8　高地隙喷雾机喷药

图5-9　无人机飞防喷药

4. 通过推广绿色防控技术，实现减量节药

采用绿色防控与统防统治相融合的防控策略，运用农业、生物、物理、化学等综合措施，以种植抗病品种为主，大力推广种子包衣和药剂拌种，为小麦中后期病虫防控打好基础。

附：邯郸市小麦田禾本科杂草发生现状、原因分析及防除技术研究

摘要：根据近年来对邯郸市小麦田禾本科杂草发生情况的调查，发现麦田禾本科杂草发生面积扩大，杂草种类发生了变化，由节节麦为主发展为节节麦、雀麦、野燕麦混生，经过调查分析，小麦联合收割机跨区作业、种子异地调运、杂草种子繁殖能力强、重视程度不够、化学防治药剂单一等是主要原因，对麦田禾本科杂草发生特点开展了针对性的化学防治技术试验研究，确定了针对禾本科杂草的化学防治药剂和使用时间，提出了综合防除措施。

关键词：邯郸市；禾本科杂草；现状；发生原因；防除技术

河北省邯郸市小麦常年种植面积为550万亩左右，是河北省小麦主产区，近年来麦田禾本科杂草发生发展呈扩大加重趋势，对小麦的产量、品质产生了严重影响，成为了制约邯郸市小麦生产的主要因素，笔者对小麦田禾本科杂草的发生防治进行了长期调查研究，现将近年来的调查、试验和研究结果进行整理，针对杂草的发生特点提出了防控措施。

1 麦田禾本科杂草的发生现状

1.1 发生范围和面积扩大

2015年5月杂草抽穗期间，对全市麦田禾本科杂草发生情况进行了调查，调查了12个小麦主产县的89个村的179个禾本科杂草发生地块，调查面积为2.85万亩，调查结果表明邯郸市的禾本科杂草发生范围由2004年的永年、曲周、鸡泽、馆陶、临漳等县[1]扩展到全市全部12个小麦主产县，发生面积由2004年的30万亩、2006年84.75万亩、2008年的79.5万亩[2]，到2015年扩大到232.5万亩，占全市小麦种植面积的40%以上，其中轻度发生156万亩，中度发生63万亩，严重发生13.5万亩。

1.2 禾本科杂草的主要种类发生变化

调查结果显示邯郸市麦田禾本科杂草主要有节节麦、雀麦、野燕麦，调查的179个禾本科杂草发生地块中，有160个地块发生节节麦，占总数的89.4%，发生雀麦地块有93个，占总数的51.9%；发生野燕麦地块有37个，占总数的20.7%；节节麦与雀麦混生地块有80个，占总数的45.0%；麦田禾本科杂草群落中节节麦单生或者与雀麦混生，野燕麦单生，雀麦单生较少。

麦田禾本科杂草种类发生了变化，与浑之英等2009年调查结果邯郸市麦田禾本科杂草主要为节节麦、日本看麦娘和野燕麦[3]相比杂草群落发生了变化，新增加了雀麦为主要禾本科杂草。据在永年县西苏村定点调查，2004年曾发现发生节节麦的地块，目前雀麦的密度远大于节节麦，部分地块雀麦已经替代节节麦成为优势禾本科杂草。

1.3 禾本科杂草发生为害程度加重

调查的地块中禾本科杂草的每亩平均密度14.3株/平方米，最高密度90株/平方米，其中节节麦平均密度12.0株/平方米，雀麦平均密度6.4株/平方米。

节节麦、雀麦的分蘖能力比小麦强，一般单株分蘖为5~10个，节节麦的株高一般不高于小麦，雀麦的株高一般高于小麦与小麦竞争能力更强，禾本科杂草在麦田与小麦争抢光热资源、水分、土壤养分等，造成小麦产量降低、品质下降。

2 麦田禾本科杂草的发生原因分析

2.1 小麦联合收割机跨区作业传播

我国首次报道节节麦是1955年在河南省新乡市采集到节节麦的标本，随后河南省和陕西省相续发现节节麦[3]。从1994年开始邯郸市小麦联合收割机赴河南、山西等省进行跨区作业，之后每年组织开展小麦跨区机收，同时也引进外省机具来邯作业[2]，1997年邯郸市的107国道沿线永年县、磁县小麦田首先发现节节麦、野燕麦为害[2]，因此推测小麦联合收割机跨省区作业携带杂草种子是禾本科杂草节节麦最初传播进邯郸市的主要途径，然后通过小麦收割机在当地的作业，扩散到邯郸市其他县的小麦田。

2.2 小麦种子异地调运传播

2009年以前邯郸市小麦田的主要禾本科杂草以节节麦、

野燕麦为主[4]，2010年以来邯郸市从山东省、河北省的石家庄等外地引进了济麦22、良星99、石麦系列等小麦品种，据王绍敏2006年调查山东省禾本科杂草主要有雀麦、节节麦、野燕麦等[5]，据浑之英2007—2008年对石家庄藁城、赵县、新乐、栾城的调查结果显示，石家庄麦田禾本科杂草主要种类有雀麦和节节麦，而且雀麦的相对多度远超过节节麦，雀麦是石家庄麦田的主要优势禾本科杂草[6]，由于这两地是邯郸市近年来小麦新品种种子的主要来源，推测雀麦等禾本科杂草种子从山东、石家庄等地随小麦种子调运夹带是禾本科杂草传播的主要途径之一。

2.3 杂草繁殖能力强

节节麦、雀麦等禾本科杂草分蘖能力强，种子量大，1粒节节麦种子第二年最少可产60粒，第三年可产3 600粒以上，1粒雀麦第二年最少可产500粒[7]。大量的种子导致禾本科杂草在田间呈几何级数迅速扩散。

2.4 耕作方式利于杂草发生

邯郸市主要是小麦玉米连作，小麦收获后免耕播种玉米，玉米收获后旋耕12～15厘米。连年的免耕、旋耕造成土壤耕层浅，利于杂草种子在土壤中积累和出苗。

2.5 农民认识程度不够

由于禾本科杂草苗期长相与小麦相似，农民对杂草识别能力差，到成熟时才发现是杂草，此时杂草已经结籽，农民采取人工拔除措施，拔出的杂草随意丢在地头、路边、路上、沟渠，这些杂草种子随浇水、车辆、行人携带等方式传播扩散。

2.6 政府部门控制力度不够

在种子调运中未将节节麦、雀麦等禾本科杂草列入检疫对象，对麦田禾本科杂草传播控制力度不够，也是节节麦、雀麦等杂草在迅速蔓延为害的主要原因之一。

2.7 化学防除药剂单一，防除技术要求高

目前除治节节麦的除草剂只有甲基二磺隆一种，该除草剂防治时间要求严，最佳时期在杂草3叶期前，随着叶龄增加防治效果降低，李秉华等试验结果表明：甲基二磺隆在节节麦3叶期前用药推荐剂量下防效在80%左右，节节麦叶龄对甲基二磺隆的防效在呈明显负相关，甲基二磺隆对分蘖后节节麦的防效在仅为35%～40%[8]，农民在生产中存在用药时间晚，防治效果差，有时仅对禾本科杂草有抑制效果，杂草还能结籽，超量用药时又对小麦产生黄化、抑制生长等药害。

3 麦田禾本科杂草化学防除技术研究

邯郸市针对麦田节节麦的化学防治已经开展多年，甲基二磺隆防治节节麦的使用技术比较成熟，由于草相变化，对雀麦的防治技术研究的还不够，为此，近年来我们选取了甲基二磺隆、氟唑磺隆对雀麦单生、节节麦与雀麦混生麦田的化学防治技术开展了试验研究，以确定适宜的防治药剂、剂量和防治时间。

3.1 小麦越冬前甲基二磺隆对节节麦与雀麦混生麦田防治试验

3.1.1 试验基本条件。小麦品种良星99，2014年10月15日播种，亩播量15千克，趁墒播种；山前平原区，土质壤土，用药时土壤相对含水量为60%，11月16日喷药，“卫士WS-16”喷雾器全田叶面喷施，施药时日平均气温9.6℃，小麦5片叶，雀麦和节节麦2～3叶，全田均匀分布。试验地点：永年县西苏乡后七星村。

3.1.2 试验设计。试验药剂3%甲基二磺隆乳油（世玛，拜耳作物科学公司生产），设3%甲基二磺隆乳油20毫升/亩、25毫升/亩、30毫升/亩、60毫升/亩分别加助剂烷基乙基磺酸盐（伴宝）60毫升/亩、75毫升/亩、90毫升/亩、180毫升/亩，及清水对照5个处理，对水量为30升/亩，每个处理4次重复，小区面积20平方米，田间管理同一般大田。

3.1.3 调查方法、时间。

3.1.3.1 防效调查。调查小区的杂草种群数量，包括杂草种类、杂草株数、杂草鲜重。抽穗前按禾本科杂草（雀麦和节麦）株数（不包含分蘖）计数，抽穗后节节麦、雀麦分别按茎数（包含分蘖）计数。采用绝对数调查法。每个小区定点调查3个点，每点0.25平方米样方测定。用药前进行杂草的基数调查，处理后30天、120天调查各处理各种杂草的株数，计算株防效。小麦抽穗后（用药后150天）调查各处理各种杂草的株数（禾本科杂草调查茎数），计算株防效，同时测量鲜重，计算鲜重防效。

药效计算方法如下。

用药后30天、120天药剂对杂草的株数防效计算公式为：

株数防效（%）=（用药前杂草株数－残存杂草株数）/用药前杂草株数×100

用药后150天药剂对杂草的株数、鲜重防效计算采取如下公式：

株数、鲜重防效（%）=（对照区杂草株数、鲜重－处理区杂草株数、鲜重）/对照区杂草株数、鲜重×100

3.1.3.2 安全性调查。用药后3～5天、7天、15天、30～60天、拔节期、抽穗期观察对小麦有无药害，记录药害的类型和程度。药害分级：1级，作物生长正常，无任何药害症状；2级，作物有轻微药害，药害少于10%；3级，作物中等药害，以后能回复，不影响产量；4级，作物药害较重，难以恢复，造成减产；5级，作物药害严重，不能恢复，造成明显减产或绝收。

3.1.4 调查结果。

用药后30天调查。3%甲基二磺隆乳油各处理对2叶以下禾本科杂草有较好防效，对3叶以上杂草防效差，与用药前相比株防效在19.0%～41.3%，随着剂量增加，防效增加；3%甲基二磺隆乳油20毫升/亩、25毫升/亩、30毫升/亩各处理对小麦有轻微的药害，表现为叶尖发黄失绿，药害等级2级，3%甲基二磺隆乳油60毫升/亩处理药害严重，叶尖发黄干枯，个别小麦叶片开始死亡，药害等级4级。

小麦返青期（用药后120天）调查。各处理区禾本科杂草（节节麦和雀麦）抑制生长，部分禾本科杂草死亡，对照区禾本科杂草（节节麦和雀麦）分蘖增多。与用药前相比3%甲基二磺隆乳油各处理对节节麦的株防效在34.2%～59.3%，对雀麦的株防效在30.3%～46.3%，随着剂量增加，防效增加；3%甲基二磺隆乳油20毫升/亩、25毫升/亩、30毫升/亩各处理小麦无明显药害症状，药害等级1级，3%甲基二磺隆乳油60毫升/亩处理的小麦有死苗现象，死苗率15%左右，药害等级4级。

小麦抽穗后（用药后150天）调查。

对节节麦防效：3%甲基二磺隆乳油20毫升/亩、25毫升/亩、30毫升/亩、60毫升/亩各处理与空白对照相比对节节麦的株防效分别为42.3%～83.3%，与空白对照相比鲜重防效分别为41.8%～81.4%。

对雀麦防效：3%甲基二磺隆乳油20毫升/亩、25毫升/亩、30毫升/亩、60毫升/亩各处理与空白对照相比对雀麦的株防效分别为39.2%～60.2%，与空白对照相比鲜重防效分别为65.3%～78.4%，随着剂量增加，防效增加。

相同剂量下各处理对节节麦的株防效均高于对雀麦的株防效。各处理对节节麦和雀麦的鲜重防效均表现良好，对禾本科杂草的抑制效果显著。3%甲基二磺隆乳油20毫升/亩、25毫升/亩、30毫升/亩各处理小麦无明显药害症状，药害等级1级，3%甲基二磺隆乳油60毫升/亩处理的小麦有死苗现象，死苗率15%左右，药害等级4级。

表 1 3%甲基二磺隆乳油用药后防效调查表

处理（毫升/亩）	用药前		用药后30天				小麦返青期（用药后120天）				小麦抽穗后（用药后150天）							
	雀麦	节节麦	雀麦		节节麦		雀麦		节节麦		雀麦				节节麦			
	株数（株/平方米）	株数（株/平方米）	株数（株/平方米）	株防效（%）	株数（株/平方米）	株防效（%）	株数（株/平方米）	株防效（%）	株数（株/平方米）	株防效（%）	茎数（茎/平方米）	株防效（%）	鲜重（克/平方米）	鲜重防效（%）	茎数（茎/平方米）	株防效（%）	鲜重（克/平方米）	鲜重防效（%）
3%甲基二磺隆乳油20+助剂60	57.1	14.9	47.1	17.5	11.9	20.1	39.8	30.3	9.8	34.2	70.3	39.2	85.3	65.3	17.3	42.3	16.3	41.8
3%甲基二磺隆乳油25+助剂75	44.5	11.0	32.8	26.3	7.5	31.8	30.0	32.6	6.0	45.5	64.0	44.7	81.2	66.9	14.7	51.0	13.0	53.6
3%甲基二磺隆乳油30+助剂90	53.6	13.6	36.4	32.1	8.9	34.8	34.0	36.5	6.7	50.7	57.7	50.1	74.9	69.5	11.3	62.3	10.5	62.5
3%甲基二磺隆乳油60+助剂1	49.0	12.3	29.8	39.2	7.2	41.5	26.3	46.3	5.0	59.3	46.0	60.2	53.0	78.4	5.0	83.3	5.2	81.4
空白对照	52.0	13.0	52.0		13.0		52.0		13.0		115.7		245.5		30.0		28.0	

3.1.5　结论与建议。推荐防治麦田禾本科杂草节节麦和雀麦混生时在杂草2～3期使用3%甲基二磺隆乳油30毫升/亩+助剂（伴宝）90毫升/亩，有良好的防治效果，对小麦安全。

3.2　小麦越冬前氟唑磺隆对雀麦节节麦混生麦田防治试验

3.2.1　试验基本条件。小麦品种为鲁原502，2014年10月14日播种，11月9日喷施除草剂，喷药时小麦4～5叶，主要禾本科杂草：节节麦、雀麦，杂草3～5叶。试验地点：邱县梁二庄镇杜审寨村。试验药剂：70%氟唑磺隆水分散粒剂（彪虎），由爱利思达生物化学品（上海）有限公司生产。

3.2.2　试验设计。设70%氟唑磺隆水分散粒剂2克/亩、3克/亩、4克/亩、6克/亩及清水对照5个处理，对水为30升/亩。

3.2.3　调查方法、时间（同上）。

3.2.4　调查结果。用药后7天观察，杂草的受害症状不明显，到用药后15天，杂草的色泽开始轻微的发黄，心叶较明显。

用药后30天调查，杂草叶片呈现紫红色，极少部分株开始死亡，70%氟唑磺隆水分散粒剂2克/亩、3克/亩、4克/亩、6克/亩对雀麦的株数防效分别为15%、10.9%、11.9%、17.2%，对节节麦无效。

用药后120天调查，雀麦部分死亡，未死亡抑制严重，70%氟唑磺隆水分散粒剂2克/亩、3克/亩、4克/亩、6克/亩对雀麦的株数防效分别为60.8%、67.3%、71.3%、76.7%，对节节麦无效。

用药后150天取样结果表明，药剂对雀麦的株数和鲜重防效理想，随用药剂量的增加，防效明显提高，70%氟唑磺隆水分散粒剂2克/亩、3克/亩、4克/亩、6克/亩处理对雀麦的株数株防效分别为93.3%、98.1%、96.2%和100%，对雀麦的鲜重防效分别为97.2%、99.7%、98.9%和100%，对节节麦无效。

药害调查。用药后目测观察，70%氟唑磺隆水分散粒剂冬前各剂量处理区小麦长势、长相正常，无药害症状。春季目测，2～4克/亩处理小麦正常，药害等级为1级，用量6克/亩处理小麦颜色偏淡，株高略矮，到小麦拔节期基本恢复正常，药害等级为2级。收获时测产结果表明，药剂各处理与空白对照相比，均有不同程度增产作用。说明供试药剂对小麦安全。

3.2.5 结论与建议。综合考虑，推荐70%氟唑磺隆水分散粒剂在冬小麦越冬前，雀麦3～5叶期，用药的适宜用量为3～4克/亩，在该剂量下，药剂对雀麦防效理想，对节节麦无效，对小麦安全。

表2　70%氟唑磺隆水分散粒剂越冬前用药防效调查表

处理（克/亩）	用药前		用药后45天防效调查				用药后120天防效调查				用药后150天防效调查							
	雀麦	节节麦	雀麦		节节麦		雀麦		节节麦		雀麦				节节麦			
	株数（株/平方米）	株数（株/平方米）	株数（株/平方米）	株防效（%）	株数（株/平方米）	株防效（%）	株数（株/平方米）	株防效（%）	株数（株/平方米）	株防效（%）	茎数（茎/平方米）	株防效（%）	鲜重（克/平方米）	鲜重防效（%）	茎数（茎/平方米）	株防效（%）	鲜重（克/平方米）	鲜重防效（%）
70%氟唑磺隆水分散粒剂2	40.0	22.7	34.0	15.0	22.7	0	15.7	60.8	22.7	0	1.8	93.3	2.5	97.2	52.2	–	46.9	–
70%氟唑磺隆水分散粒剂3	33.7	21.0	30.0	10.9	21.0	0	11.0	67.3	21.0	0	0.5	98.1	0.3	99.7	46.4	–	41.8	–
70%氟唑磺隆水分散粒剂4	53.3	19.3	47.0	11.9	19.3	0	15.3	71.3	19.3	0	1.0	96.2	1.0	98.9	44.5	–	42.9	–
70%氟唑磺隆水分散粒剂6	54.3	23.3	45.0	17.2	23.3	0	12.7	76.7	23.3	0	0.0	100.0	0.0	100.0	48.2	–	47.5	–
空白对照	38.7	22.0	54.0		22.0				22.0		70.5		89.8		45.3		43.3	

3.3 小麦春季返青后氟唑磺隆对雀麦防治试验

3.3.1 试验基本条件。小麦品种为良星99，2015年10月12日播种，2016年3月20日施药，一次用药。用药时雀麦5～7叶期，小麦6～7叶处于返青起身期。试验地点：磁县花官营乡屯庄村。试验药剂：70%氟唑磺隆水分散粒剂（彪虎），由爱利思达生物化学品（上海）有限公司生产。

3.3.2 试验设计。设70%氟唑磺隆水分散粒剂3克/亩、3.5克/亩、4克/亩、7克/亩及清水对照5个处理，对水量30升/亩。

3.3.3 调查方法、时间和次数。用药前进行杂草的基数调查，处理后30天、45天调查各处理各种杂草的株数，计算株防效。用药后45天同时测量鲜重，计算鲜重防效。

药效计算方法：

用药后30天药剂对杂草的株数防效计算公式为：

株数防效（%）=（用药前杂草株数－残存杂草株数）/用药前杂草株数×100

用药后45天药剂对杂草的株数、鲜重防效计算采取如下公式：

株数、鲜重防效（%）=（对照区杂草株数、鲜重－处理区杂草株数、鲜重）/对照区杂草株数、鲜重×100

3.3.4 调查结果。用药后7天观察，杂草的色泽发黄，生长受抑制，雀麦抑制较重；用药后30天调查，部分杂草开始死亡，70%氟唑磺隆水分散粒剂3克/亩、3.5克/亩、4克/亩、7克/亩对雀麦的株数合计防效分别为22.4%、26.7%、29.4%、35.4%。

用药后45天取样结果表明，70%氟唑磺隆水分散粒剂3

克/亩、3.5克/亩、4克/亩、7克/亩处理对雀麦的株防效分别为43.8%、56.2%、66.3%和74.2%，对杂草的鲜重合计防效分别为65.5%、77.0%、82.4%和94.0%。

用药后目测观察，70%氟唑磺隆水分散粒剂3～4克/亩处理区小麦长势、长相正常，无药害症状，药害等级为1级；倍量处理冬小麦颜色轻微的发淡，株高略矮，到小麦拔节期基本恢复正常，药害等级为2级；收获时测产结果表明，药剂各处理与空白对照相比，均有不同程度增产作用。说明供试药剂对小麦安全。

3.3.5　结论与建议。综合考虑，推荐70%氟唑磺隆水分散粒剂在冬小麦春季返青起身期用药的适宜用量为4克/亩，在该剂量下，药剂对雀麦的鲜重防效达90%左右。

表3　70%氟唑磺隆水分散粒剂返青起身期用药防效调查表

处理（克/亩）	用药前	用药后30天防效调查		用药后45天防效调查			
	雀麦	雀麦		雀麦			
	株数（株/平方米）	株数（株/平方米）	株防效（%）	茎数（茎/平方米）	株防效（%）	鲜重（克/平方米）	鲜重防效（%）
70%氟唑磺隆水分散粒剂3	17.3	8.0	53.8	30.3	45.2	27.8	85.4
70%氟唑磺隆水分散粒剂3.5	22.0	10.0	54.5	19.6	64.5	23.9	87.4

（续表）

处理（克/亩）	用药前	用药后30天防效调查		用药后45天防效调查			
	雀麦	雀麦		雀麦			
	株数（株/平方米）	株数（株/平方米）	株防效（%）	茎数（茎/平方米）	株防效（%）	鲜重（克/平方米）	鲜重防效（%）
70%氟唑磺隆水分散粒剂4	20.0	8.7	56.7	16.0	71.0	20.7	89.1
70%氟唑磺隆水分散粒剂7	26.0	11.3	56.4	10.7	80.6	6.3	96.7
空白对照	22.7	22.7		55.3		190.3	

4 综合防治措施

4.1 农业防治措施

4.1.1 加强小麦种子管理，控制杂草种子传播。节节麦、雀麦、野燕麦等麦田禾本科杂草靠种子传播，控制蔓延必须先严把种子关。主管部门要加强对小麦种子生产、加工、调运、经营各个环节的监管，提高禾本科杂草发生区的小麦种子的纯度，减少禾本科杂草种子在小麦中的混杂；农民自留种子也要对禾本科杂草种子认真进行清选，对购买的小麦种子内的禾本科杂草种子，应进行清选后再播种，控制禾本科杂草向未发生区扩散。

4.1.2　深耕。在小麦播种前深耕25～30厘米，将节节麦、雀麦、野燕麦种子深埋于地下，减少杂草出苗，控制草害发生。

4.1.3　生态抑草。麦少草多，麦多草少是杂草与作物竞争的规律，因此，合理密植，科学施肥，争取苗齐苗壮，形成麦田的群体生长优势，可起到生态抑草，以麦压草的效果。

4.1.4　人工拔除。结合麦田管理，在禾本科杂草成熟之前进行拔除。拔除要及时，大小一齐拔，多次拔，不留后患。拔掉的节节麦、野燕麦必须带出田外，晒干粉碎，或集中烧毁。同时要清除田埂沟渠的杂草，减少传播扩散源。

4.1.5　休耕轮作。对禾本科杂草发生较重地块，在小麦生长季进行休耕或者轮作倒茬，诱导禾本科杂草发生，集中除治，减少禾本科杂草种子在土壤中的积累。

4.2　化学防治技术

4.2.1　正确识别禾本科杂草幼苗期长相。禾本科杂草幼苗期长相相似，要提高禾本科杂草的防治效果，就必须先要正确识别杂草种类，首先看与大田小麦长相是否一致，如果麦田的行间有比麦苗叶窄的禾本科幼苗，那可能就是禾本科的杂草。如果根茎处发白，但表面具柔毛，并且无叶耳，叶片逆时针生长，应是野燕麦。如果根茎处发红褐色（紫色），可能是节节麦或雀麦，要分清雀麦、节节麦可以带根挖出整株，若根部有桶状的种子，是节节麦。雀麦幼苗的识别主要通过3个方面：一看叶片，雀麦的叶片细窄，叶鞘和叶背面布满柔毛；二看根茎部颜色，雀麦茎基部发红褐色，而小麦茎部白色；三看种皮，雀麦种皮红褐色。

4.2.2 分类科学用药。在正确识别杂草发生特点的基础上采取针对性用药，减少除草剂的浪费，减轻药害。

节节麦单生田。小麦播种出苗后到越冬前，节节麦出齐后，用3%甲基二磺隆油悬乳剂30毫升/亩加助剂（伴宝）90毫升/亩对水30千克喷雾防治，越冬前喷施世玛后，小麦可能出现黄化、蹲苗现象，但在返青后逐步消失，不影响产量。不提倡春季喷施甲基二磺隆防治节节麦，因为春季药害加重，小麦难以恢复，对小麦产量损失较大。

雀麦单生田。一是在小麦播种出苗后到越冬前，雀麦出齐后，用70%氟唑磺隆水分散粒剂3～4克/亩，对水30千克喷雾防治，对雀麦防效理想，对小麦安全。二是在小麦返青到起身期，亩用70%氟唑磺隆水分散粒剂4克/亩，对水30千克喷雾防治，对雀麦有较好防效，而且对小麦安全。

节节麦和雀麦混生田。小麦播种出苗后到越冬前，禾本科杂草出齐后，用3%甲基二磺隆油悬乳剂30毫升/亩加助剂（伴宝）90毫升/亩对水30千克喷雾防治，或与70%氟唑磺隆水分散粒剂3～4克/亩混合使用喷雾防治，对节节麦、雀麦有良好的防效。

野燕麦防治。3%甲基二磺隆油悬乳剂、70%氟唑磺隆水分散粒剂对野燕麦都有较好的防治效果，可以单独防治野燕麦，也可以在防治节节麦或者雀麦时兼治野燕麦。

参考文献

[1] 段美生，杨宽林，李香菊，等. 河北省南部小麦田节节麦发生特点及综合防除措施研究[J]. 河北农业科学，2005，9（1）：72-74.

[2] 《邯郸农业志》编纂委员会. 邯郸农业志[M]. 北京：中共党史出版社，2013：428，167-168.

[3] 房锋，高兴祥，魏守辉，等. 麦田恶性杂草节节麦在中国的发生发展[J]. 草业学报，2015，24（2）：196.

[4] 浑之英，袁立兵，王莎，等. 河北省邯郸市麦田禾本科杂草发生情况调查[J]. 河北农业科学，2011，15（2）：52-53，80.

[5] 王绍敏. 山东省麦田禾本科杂草发生种类及化学防除技术的研究[D]. 泰安：山东农业大学，2008：8.

[6] 浑之英，袁立兵，柴彦，等. 河北省石家庄麦田禾本科杂草发生情况调查《河北农业科学》2009，13（12）：16-17，39.

[7] 王睿文，栗梅芳，肖洪波，等. 河北省麦田节节麦等杂草发生特点及治理对策[J]. 中国植保导刊，2005，6：33-34.

[8] 李秉华，王贵启，苏立军，等. 防治节节麦的除草剂筛选研究[J]. 河北农业科学，2007，11（1）：46-48.

第六章　小麦农业气象灾害及预防补救措施

第一节　小麦各生育时期的主要气象灾害

一、苗期（出苗至起身）

1. 播种与出苗期（10月5日至10月20日）

旱灾：土壤相对含水量在55%以下，种子发芽和出苗困难。65%以下出苗不齐。

连阴雨：土壤相对含水量在85%以上，农业机械难以下地操作，已经播种的造成烂种或地面板结不利出苗。

2. 三叶期到越冬前（10月20日至12月10日）

旱灾：土壤相对含水量在55%以下，分蘖缺位，主要是胚芽鞘分蘖缺位，严重时第二叶位分蘖也缺位。次生根发育不良，群体茎数不足。

初冬冻害：即在初冬发生的小麦冻害，一般由骤然强降温引起，因此常称为初冬温度骤降型冻害。11月中下旬至12月中旬，最低气温骤降10℃左右，达-10℃以下，持续2～3

天，小麦的幼苗未经过抗寒性锻炼，抗冻能力较差，极易形成初冬冻害，发生冻害的小麦一般是弱苗和旺苗，造成叶片不同程度冻伤，发生叶片干枯。

2015年11月23—26日邯郸市出现强降温天气，气温骤降10℃左右，11月下旬平均气温比常年值偏低5.3℃，极端最低气温为-13.5℃。同时，日照不足，11月上、中、下旬日照时数分别较常年减少28小时、50小时、38小时。此时正值小麦分蘖期，小麦幼苗发育不良，个体较弱，抗冻能力较差，且未经过充分抗寒锻炼，部分地块小麦受到冻害，主要表现为叶片干枯，严重的麦田出现点片死亡。降温时间早，降温幅度大是造成这次小麦死苗的直接原因。

3. 越冬期（12月上中旬至次年2月中下旬）

旱灾：土壤相对含水量在55%以下，容易诱发冻害。

冬季冻害：小麦越冬期间持续低温（多次出现强寒流）或越冬期间因天气反常造成冻融交替而形成的小麦冻害。一般分为冬季长寒型交替冻融型两种类型。冬季长寒型是由于长期受严寒天气的影响而导致的小麦地上部严重枯萎甚至成片死苗；交替冻融型是进入越冬期的麦苗因气温回升恢复生长，抗寒力下降，又遇到强降温造成的冻害。

根据小麦受冻后的植株症状表现可将冬季冻害级别分为两类：第一类是严重冻害，即主茎和大分蘖冻死，心叶干枯；第二类是一般冻害，症状表现为叶片褐黄干枯，有死蘖现象，但主茎和大蘖都没有冻死。第一类冻害会影响产量，第二类冻害对产量基本没有影响。

冬季冻害往往是冬季干旱和低温交加而发生。只因是低温造成的严重冻害表现为黄枯苗相；空气湿度低、气温正常或越冬中期出现较高的气温，则易出现青枯苗相；空气湿度适宜，经过越冬期的低温，则冬前叶受冻干枯率在40%～60%，有部分冬前叶越冬存活，则出现带绿越冬苗相（图6-1至图6-3）。

图6-1　冻害麦田

图6-2　冻害死苗

图6-3　同一地块不同品种的抗冻性差异

雪灾：一般短时间的降雪和冬季雪层覆盖对小麦生长和越冬有利。但越冬前过早降雪，提前结束光合作用和冬前生长，造成生长不足和弱苗。过早的长时间雪层覆盖使光合产物生产不足，冬季易发生冻害。返青前过多的降雪增加土壤水分，土壤升温慢，不利于麦苗早返青和早生快发。

4. 返青、起身期（2月中下旬到4月上旬）

旱灾：土壤相对含水量在55%以下，返青缓慢。影响分蘖发生与生长（易发生在未浇冻水的麦田）。在起身初期，土壤相对含水量在65%以下，分蘖数减少，成穗率降低，小穗分化数减少，造成穗数和穗粒数的降低。

春季冻害：返青后麦苗植株生长加快，抗寒力明显下降，如遇寒流侵袭则易造成冻害。地表温度降到0℃以下发生的霜冻危害。易发生在起身期的中、后期。此时小麦已出现春生一叶、二叶，突发降温在0～5℃，发生叶片受冻，失绿变白，对茎生长锥无伤害。

春季雪灾：降雪增加土壤水分，水分过多时土壤升温慢，麦苗生长受影响。如降雪伴冻雨，或叶片结冰，易造成叶片受冻。

二、中期（拔节至抽穗期）

1. 拔节期（4月上旬至4月中旬）

旱灾：土壤相对含水量在65%以下。造成分蘖成穗不齐，小花分化数减少，退化数增多。造成穗数、粒数下降，影响产量。

晚霜冻害：冬小麦进入拔节期抗寒力大大下降，以拔节后10～15天即雌雄蕊分化期抗寒能力最差，如果气温下降到-3℃以下，持续6～7小时，幼穗受冻。遇有霜冻害，叶片呈水浸状，萎蔫下垂。受冻轻的可部分恢复，受冻重的经日晒干枯。幼穗受冻后有时外表看不出受害症状，受害部位是穗的全部或部分小穗，表现为延迟抽穗，或麦穗中部小穗空瘪，仅有部分结实，穗畸形。严重影响产量。如果受冻后气温急剧回升，植株细胞来不及恢复，受害更重。2018年4月3—7日，邯郸市遭遇强降温天气，部分地区最低气温达0℃以下且持续6～7个小时，此期小麦正处在小花分化发育的关键期，对低温极其敏感，导致少部分大蘖受冻退化、小穗败育，小麦分蘖成穗率降低，个别严重地块不能正常抽穗（图6-4）。

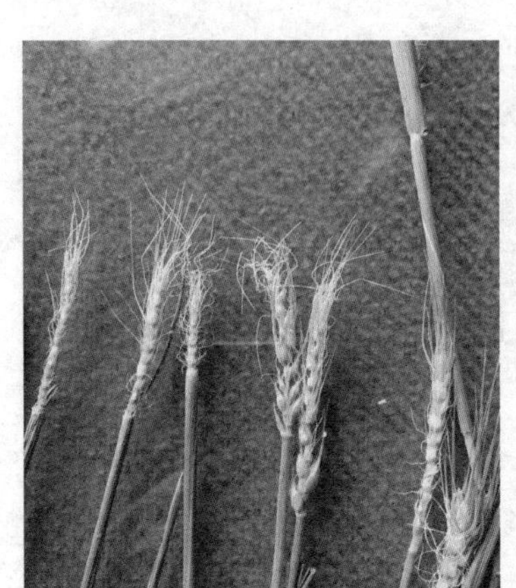

图6-4　晚霜冻害

2. 孕穗和抽穗期（4月中下旬到4月底）

旱灾：土壤相对含水量在70%以下。下部叶片过早衰老，光合产物不足。造成小穗的上位小花退化。严重时抽穗延迟，或因卡脖旱难以抽穗。以致穗数、粒数下降，影响产量。此时为小麦需水临界期。

雹灾：较少发生。严重者造成植株折断，叶片受损，影响产量。轻者抽穗延迟，成穗数、穗层的整齐度、成熟的整齐度都受到影响。

低温冷害：孕穗期抗低温能力进一步下降。此时遇-3℃的低温，穗的全部和部分小穗、小花因花粉粒受冷害造成不孕，严重影响产量，严重时造成绝收。

三、后期（抽穗到收获）

1. 开花期（4月底5月初至5月中旬）

旱灾：土壤相对含水量在70%以下，造成开花延迟，严重者不能开花或“闭颖授粉”，造成开花授粉不良，影响有效穗数和穗粒数。

风灾：造成“早期倒伏”。但由于穗部“头轻”，一般都能不同程度地恢复直立。

雹灾：较少发生。轻者砸碎叶片，叶面积减小，光合生产不足，影响粒重。重者砸断植株，造成严重减产和绝收。多在5月下旬、6月初发生。

高温灾害：造成叶片早衰，开花授粉不良，结实率下降，影响穗粒数和千粒重。

低温：小麦开花最低温度为9～11℃，低于9℃，花丝生长缓慢，影响正常授粉，温度下降到-2℃以下，花药受害产生不孕现象。

干热风：有的年份出现干热风时间较早，如2001年从5月16日就开始出现干热风天气，严重影响小麦灌浆。

连阴雨：冬小麦抽穗开花期遇连续阴雨天，影响花粉正常发育，授粉不良，小花不孕率增加。湿度太大时，如在90%以上时，花粉粒易吸水膨胀破裂，丧失受精能力引起不实。阴天潮湿，开花期延长。

2. 乳熟期（5月中下旬）

连阴雨：冬小麦在灌浆盛期如遇连续阴雨天，影响光合作用的进行和物质的正常运输，灌浆速度慢。

旱灾：土壤相对含水量在70%以下。籽粒的胚乳细胞减少，籽粒体积减小，或造成籽粒败育。影响穗粒数和千粒重。

风灾：造成“中期倒伏”，由于穗部较重，恢复直立较困难，往往只有穗和穗下茎节可以抬起。造成群体结构不良，通风透光不好，影响穗粒数和千粒重。

雹灾：轻者砸碎叶片，叶面积减小，光合生产不足，影响粒重，落粒减产。重者砸断植株，造成严重减产和绝收（图6-5）。

图6-5　雹灾麦田

干热风：

轻度干热风：气温高于32℃，空气相对湿度低于30%，风速大于3米/秒。

重度干热风：气温高于35℃，空气相对湿度低于25%，风速大于3米/秒。

主要影响是：造成叶片早衰，提早结束光合作用，造成光合产物减少。茎叶的光合产物向籽粒的运输不力，造成灌浆物质减少。根系提前衰老，吸收功能下降，吸收水分和无机养分能力下降或完全停止。籽粒灌浆受到影响，严重者完全停止，造成粒重下降。籽粒产量因干热风发生程度不同受到不同程度的影响。

3. 成熟期（6月上旬）

旱灾：土壤相对含水量在70%以下，造成灌浆期提前结束，灌浆期缩短，干旱逼熟，粒重下降。

风灾：造成“晚期倒伏”，由于“头重”不易恢复直立。严重倒伏的，造成群体结构不良，通风透光不好，物质运输不畅，影响灌浆速率，迟迟不成熟，成熟落黄不好，影响千粒重。严重倒伏的，影响机械收获。

雹灾：发生较早时轻者砸碎叶片，叶面积减小，光合生产不足，影响粒重。落粒减产。重者砸断植株，造成严重减产和绝收。接近成熟时砸断穗部，造成断穗落粒，直接影响产量。雹灾并发风灾造成严重倒伏的，影响机械收获。

第二节 小麦气象灾害的预防措施

一、旱灾

培肥地力。注意增施有机肥和磷钾肥、氮磷钾配合。

选用抗旱、耐旱品种。旱薄地应选用抗旱耐瘠品种，旱肥地应选用抗旱耐肥品种。

因地制宜地采用蓄水保墒耕作技术。

采取以秸秆覆盖或地膜覆盖为核心的保水技术。

二、风灾

对长年易发生风灾的地段和容易发生倒伏的田块，在种植小麦时，注意增施磷钾肥和农家肥，适当减少氮肥用量。总氮肥用量（纯N）应不超过目标产量的3%，如目标亩产量为500千克，每亩总施氮量应不超过纯N 15千克。其中底肥和拔节期追肥各50%左右。

选用株高不超过80厘米，茎秆粗壮的抗倒品种。

适期播种、合理密植，防止小麦旺长。

改田间管理一促到底为促控结合。提倡适时查苗补种，浇冬水后适墒划锄；返青期划锄保墒，提高地温，不追肥浇水；旺长麦田起身期喷壮丰安；推迟春季第一次肥水至拔节期。培育小麦健壮个体和合理群体。开花10天以后，三级风以上天气避免浇水。

三、雹灾

雹灾的预防主要靠人工影响天气技术进行。气象部门根据天气图、卫星云图分析和雷达监测等方法作出预报。消雹手段主要有爆炸法和催化法两种。

1. 爆炸法

用高炮和火箭射击雹云，炮弹爆炸时使雹云产生冲击波，使雹块变小，使小雹块在降落过程中融化为水，由降雹变成降水，变害为利。因此，目前我国广泛采用这种方法消雹。

2. 催化消雹法

在地面燃烧催化剂，或采用火箭或高炮将催化剂（如碘化银、碘化铅、干冰和食盐）送入雹源区云中，或用飞机向云中撒催化剂，使云中形成雪花，减少降雹。

四、冻害（冬季冻害、春季冻害、低温冷害）

1. 品种选择

邯郸市一般应选择半冬性品种。

2. 适期播种

播期过早容易造成小麦冬前旺长，抗冻害能力下降。我市常年播种期应掌握在10月7日至10月15日。

3. 适量播种

播量过大的麦田，麦苗簇集在一起，窜高旺长，麦叶细长，弱而不壮，抗寒性降低。邯郸市小麦适期播种的播种量，一般应控制在10～12千克/亩，超过适期适当增加播种量。

4. 底氮肥要适量

底施氮肥过多的地块，容易造成冬前旺长，株高过高，叶片过长，弱而不壮，小麦体内积累和贮藏的糖分少，抗寒性降低，容易遭受冻害。一般底施氮肥为6～7千克/亩。

5. 对旺长麦田适度抑制生长

主要措施是冬前和早春镇压，起身期喷施矮壮素、多效唑等调节剂。

6. 浇冻水，保苗越冬，防春季晚霜

在寒潮到来之前灌水，可以调节近地面小气候，防御冻害。在低温寒潮到来之前采取烟熏等办法，也可以预防和减轻冻害的发生。

五、干热风

1. 农业措施

首先要建立农田防护林，达到农田林网化，减弱风速，降低温度提高相对湿度，减少地面水分蒸发量，提高土壤相对含水量；其次要加强农田基本建设，改良和培肥土壤，提高麦田保水和供水能力。

2. 栽培措施

一是选用中早熟、丰产耐干热风抗逆性强的品种；二是适期播种，尽量减少晚茬麦，争取尽早使小麦进入蜡熟期，可以避免或减轻干热风危害；三是建立合理群体结构，培育壮苗，提高小麦抗旱性；四是因地制宜浇好小麦抽穗开花水，防治灌浆期干旱。

3. 化学措施

在小麦生育中后期叶面喷洒化学制剂是防御干热风的经济、有效、直接的方法，结合后期病虫害防治“一喷多防”加入磷酸二氢钾等，可以提高小麦抵御干热风的能力，还有增产效果。

第三节 小麦气象灾害的补救措施

一、旱灾

小麦生产中，如播种前降水不足应灌底墒水，越冬前如墒情不足应灌冻水。春季一般年份需要灌拔节水和抽穗扬花水，沙土地、特殊干旱年份应增灌1次灌浆水。每次每亩灌水量为40～50立方米。无灌溉条件的麦田遇到旱灾，应针对麦田的具体情况，采用镇压、锄划等保墒提墒措施。要与气象部门密切合作，在气象条件合适时做好人工增雨工作。

二、风灾

开花后发生的倒伏，灾后应及时采取补救措施。

因风雨而倒伏的，可在雨过天晴后，用竹竿轻轻抖落茎叶上雨水，减轻压力帮其抬头，但切忌挑起而打乱倒向，或用手扶麦、捆把。

喷洒磷酸二氢钾，以促进生长和灌浆。

加强病害的防治工作。如果倒伏后没有病害发生，一般轻度倒伏对产量影响不大。重度倒伏也会有一定的收获，但如不能控制病害的流行蔓延，则会“雪上加霜”，严重减产。

三、雹灾

小麦遭受雹灾后，要及时加强管理，促使植株尽快恢复生长，以减少灾害损失。具体管理措施如下。

一是追施肥料。冰雹过后，小麦植株受损。应结合浇水，及时追施适量速效化肥（施用尿素时，每亩5～7.5千克为宜），以促进植株尽快恢复生长。

二是及时浇水。及时浇水对小麦恢复生长具有明显促进作用。

三是中耕松土。由于冰雹的重力作用，严重雹灾后地面板结。及时划锄，可以疏松土壤，提高地温，改善土壤通透性，促进根系生长，从而提高产量。

四是分期收获。灾后小麦生长参差不齐，成熟期很不一致（群众称之为“老少三辈”）。必须实行分期收获，成熟一批收获一批。

四、冻害

冻害发生后，应及时追施氮肥，促进小分蘖迅速生长。发现主茎和大分蘖已经冻死的麦田，春季要分两次追肥。第一次在田间解冻后即追施速效氮肥，每亩开沟施入尿素10千克，缺墒麦田氮肥要对水施用。磷素有促进分蘖和根系生长的作用，缺磷地块可以尿素和磷酸二铵混合施用。第二次施肥在小麦拔节期，结合浇水施尿素10千克/亩。

加强中后期管理，防止早衰。受冻麦田由于植株体内的养分消耗较多，后期容易发生早衰，在春季第一次追肥的基础上，应看麦苗生长发育情况，根据需要，在拔节期或挑旗期适量追肥，促进穗大粒多，提高粒重。

受到早春冻害和低温冷害的小麦应立即施速效氮肥和浇水，同时叶面喷施植物调节剂或叶面肥，促进小麦生长，减轻冻害损失。

第七章　小麦各生育阶段及苗情指标调查标准

第一节　小麦生育期划分和调查时期

小麦全生育期分为12个主要生育时期：播种期、出苗期、分蘖期、越冬期、返青期、起身期、拔节期、孕穗期、抽穗期、开花期、灌浆期、成熟期。

调查时期：播种基础、冬前、越冬期、返青期、起身期、拔节期、抽穗开花期、生育后期调查和实产统计等。

第二节　小麦各生育期调查指标

一、播种基础

播种期： 实际播种日期。

出苗期： 全田50%以上小麦植株第一片真叶露出胚芽鞘2厘米的日期。

缺苗： 在小麦出苗后3叶期前，条播小麦行内连续10厘米无苗为缺苗，连续15厘米无苗为断垄。

缺苗断垄率：小麦出苗后，每样点测量10米行长内的缺苗断垄累计长度，计算缺苗断垄率。

亩基本苗：等行距条播麦田每样点取1米双行，三密一稀式条播麦田每样点取1米三行，撒播或宽幅匀播麦田每样点取0.5平方米。计数取样地块小麦苗数，折算出每亩平均苗数。

叶色：分浓绿、绿、浅绿3类。

分蘖期：记载田间50%以上的麦苗第一分蘖露出叶鞘2厘米左右的日期。

土壤墒情：

土壤质量含水量：指土壤中保持的水分质量占土壤质量的百分数，单位用%表示。计算公式：

$$土壤质量含水量（\%）=\frac{湿土质量-干土质量}{干土质量}\times 100$$

土壤相对含水量：在生产中常以某一时刻土壤质量含水量占该土壤田间持水量的百分数作为相对含水量来表示土壤水分的多少。计算公式：

$$土壤相对含水量（\%）=\frac{土壤质量含水量}{土壤田间持水量}\times 100$$

二、越冬期

越冬期：记载冬前日平均气温稳定降至3℃以下，麦苗基本停止生长的日期。

亩总茎数：计数取样点小麦主茎和所有可见分蘖数，折算出每亩平均数。

亩大蘖数：计数取样点3叶以上的茎蘖总数，折算出每亩3叶大蘖数。

主茎叶龄：每个取样点连续调查10株，数叶片数。未完全长出心叶，用它露出部分的长度占相邻下一片叶长度的比值（用小数）表示，计算平均值。

单株茎蘖数：每样点取10株，数每株茎蘖总数（包括主茎和分蘖），计算单株茎蘖平均数。

单株次生根：在每个取样区连续挖10株取样，以长出0.5厘米为标准，数每株次生根条数，计算单株次生根平均数。

冻害分类标准：

冻害程度分4级。

1级：叶尖受冻发黄或干枯。

2级：叶片50%干枯。

3级：叶片全枯。

4级：主茎或部分大蘖冻死。

三、返青期

返青期：记载春季麦苗叶片由暗绿色转为鲜绿色，麦田50%以上的麦苗心叶长出1～2厘米的日期。

四、起身期

起身期：春季麦苗由匍匐状开始挺立，春生第二叶完全展开，基部第一节开始伸长，为起身期。

株高：每个监测样点连续调查10株，测量小麦植株基部到最高叶尖（用手扶直叶片）的长度，计算平均值。

五、拔节期

拔节期：记载全田50%以上的植株茎基部第一节间露出地面2厘米的日期。

孕穗期：记载全田50%以上小麦旗叶抽出叶鞘并完全展开，旗叶叶鞘包着的幼穗明显增大的日期。

春生叶片数：每样点连续调查10株，数春生叶片数，未完全长出心叶用它露出部分的长度占下一片叶长度的比值表示，计算平均值。

六、抽穗开花期

抽穗期：全田50%以上的麦穗由叶鞘中露出1/2穗长的日期。

开花期：全田有50%以上植株麦穗中（上）部小穗开花的日期。

株高：每样点连续调查10株，测量小麦植株基部到最长叶尖（用手扶直叶片）的长度，计算平均值。抽穗后量至穗顶（不带芒）。

亩穗数：穗粒数5粒以上为有效穗。每样点计数1米双行的有效穗数，折算出每亩穗数。

预测穗粒数：每样点从根部随机抓取20个麦穗，根据每穗的小穗数和受精坐脐情况，剔除5粒以下的麦穗，估测出平均穗粒数。

常年千粒重：全县（市、区）预产中的常年千粒重，为全县（市、区）前3年小麦千粒重平均值；品种千粒重为前3年千粒重的平均值；新种植品种千粒重以品种审定公告中的数据为准。

七、灌浆期

乳熟期：籽粒开始沉积淀粉、胚乳呈炼乳状，在开花后10天左右，为乳熟期。

成熟期：胚乳呈蜡状，籽粒开始变硬时为成熟期，此时为最适收获期。接着籽粒很快变硬，为完熟期。

穗粒数：每样点从根部随机抓取20个麦穗，剔除5粒以下的麦穗，计算平均穗粒数。

预测千粒重：根据全县（市、区）的常年千粒重和小麦长势、灌浆期间天气状况等因素估计的千粒重。

倒伏面积：实测或目测倒伏面积。

倒伏率：实测或目测倒伏面积占检测地块总面积的比例，用百分数表示。

倒伏分级标准：

1级：轻微倒伏，植株倾斜角度小于30°。

2级：中等倒伏，植株倾斜角度30°～45°。

3级：倒伏较重，植株倾斜角度45°～60°。

4级：严重倒伏，植株倾斜角度60°以上。

预测亩产量：预测亩产量=亩穗数×穗粒数×预测千粒重×0.85

八、实测千粒重

实测千粒重：收获后，取干麦粒1 000粒称重，重复三次，取其重量相近的两次（误差不超过0.5克）相加，求平均值，测定籽粒水分，折算出标准含水量13%的千粒重，以“克”表示。

附表一　河北省小麦苗情分类标准

生育时期	项目	旺苗	壮苗		弱苗（三类苗）
			一类苗	二类苗	
越冬期	主茎叶龄	≥6.5	5 ~ 6.5	4 ~ 5	<4
	单株次生根	—	>4条	2 ~ 4条	<2条
	单株分蘖数	—	3 ~ 5个	2 ~ 3个	<2个
	亩总茎蘖数	>100万	70万 ~ 100万	50万 ~ 70万	<50万
	长势长相	叶色浓绿	叶色绿，蘖壮	叶色绿	叶色浅绿，蘖弱
返青期	单株次生根	—	>4.5条	2.5 ~ 4.5条	<2.5条
	单株分蘖数	—	3.2 ~ 5.2个	2.2 ~ 3.2个	<2.2个
	亩总茎蘖数	>105万	75万 ~ 105万	55万 ~ 75万	<55万
	长势长相		冻害轻于2级	或冬前壮、旺苗发生3级冻害时	或冬前壮、旺苗发生4级冻害时
起身期	单株次生根	—	>8条	5 ~ 8条	<5条
	单株分蘖数	—	4.2 ~ 6.2个	3.2 ~ 4.2个	<3.2个
	亩总茎蘖数	>120万	90万 ~ 120万	60万 ~ 90万	<60万
	长势长相	叶片披长，叶色浓绿，蘖弱	叶色绿，蘖壮	叶色绿	叶片短小，叶色浅绿，蘖弱
拔节期	单株次生根	—	>10条	7 ~ 10条	<7条
	单株分蘖数	—	4 ~ 6个	3 ~ 4个	<3个
	亩总茎蘖数	—	85万 ~ 115万	55万 ~ 85万	<55万
	长势长相	叶片披长，叶色浓绿，蘖弱	叶色绿，蘖壮	叶色绿	叶片短小，叶色浅绿，蘖弱
穗期	亩穗数	—	>45万	38万 ~ 45万	<38万

附表二　邯郸市小麦亩产500千克技术模式图

月	10月			11月			12月			1月			2月			3月			4月			5月			6月	
旬	上	中	下	上	中	下	上	中	下	上	中	下	上	中	下	上	中	下	上	中	下	上	中	下	上	中
节气	寒露		霜降	立冬		小雪	大雪		冬至	小寒		大寒	立春		雨水	惊蛰		春分	清明		谷雨	立夏		小满	芒种	
生育期	播种期	出苗至三叶期			冬前分蘖期						越冬期					返青期		起身期		拔节期		抽穗至开花期		灌浆期		成熟期
主攻目标		苗全、苗匀 苗齐、苗壮			促根增蘖 培育壮苗						保苗安全越冬					促苗早发稳长		蹲苗壮蘖		促大蘖成穗		保花增粒		养根护叶增粒增重		丰产丰收
关键技术		足墒播种 精选种子 药剂拌种 适期播种 播后镇压			防治病虫 冬前化学除草 适时灌好冻水						适时镇压 麦田严禁放牧					中耕松土镇压保墒		蹲苗控节除草		重施肥水 防治病虫			浇开花灌浆水 防治病虫 一喷三防			适时收获

操作规程

1. 播前造足底墒，精选种子，药剂拌种或种子包衣，防治地下害虫；每亩底施氮（N）6～8千克、磷（P_2O_5）6～8千克、钾（K_2O）3～5千克。
2. 在日平均温度17℃左右播种，一般控制在10月7—15日，播深3～5厘米，每亩基本苗为20万～25万，播后及时镇压；出苗后及时查苗，发现缺苗断垄应及时补种，确保全苗；田边地头要种满种好。
3. 冬前苗期注意观察灰飞虱、叶蝉等害虫发生情况，及时防治以防传播病毒病；冬前进行化学除草；在昼消夜冻时灌冻水，时间在11月25—12月5日。
4. 冬季适时镇压，弥实地表裂缝，防止寒风飕根，保墒防冻。
5. 返青期中耕松土，提高地温，镇压保墒；一般不浇返青水，不施肥。特别干旱年份早春可适当补水。
6. 起身期不浇水，蹲苗控节；注意观察纹枯病、根腐病、红蜘蛛等发生情况，发现病虫害及时防治；在拔节前开展春季化学除草。
7. 拔节期重施肥水，促大蘖成穗；每亩追施尿素为15～20千克，灌水追肥时间约在4月上旬；注意观察白粉病、锈病发生情况，发现病情及时防治。
8. 浇好开花灌浆水，强筋品种或有脱肥迹象的麦田，可随灌水亩施2～3千克尿素，时间在5月5日左右；及时防治蚜虫、吸浆虫和赤霉病、白粉病；做好“一喷三防”。
9. 适时收获，防止穗发芽，避开烂场雨，确保丰产丰收，颗粒归仓。

参考文献

《邯郸农业志》编纂委员会. 2013. 邯郸农业志[M]. 北京：中共党史出版社.

河北省质量技术监督局. 2014. 冬小麦苗情监测技术规范：DB13/T 2061—2014[S]. 北京：中国标准出版社.

李明远，曹刚. 2016. 河北省冬小麦节水标准化集成技术[J]. 中国农技推广（4）：49-51.

全国农业技术推广服务中心. 2004. 中国植保手册（小麦病虫害防治分册）[M]. 北京：中国农业出版社.

山东农学院. 1980. 作物栽培学（北方本）[M]. 北京：农业出版社.

赵广才. 2013. 优质专用小麦生产关键技术百问百答[M]. 北京：中国农业出版社.

甄文超，曹刚，王亚楠. 2018. 2019河北省冬小麦—夏玉米节水、高产、高效农事手册[M]. 北京：气象出版社.